科学出版社“十三五”普通高等教育本科规划教材
国家级精品资源共享课配套教材

普通植物病理学实验指导

（第二版）

蔡学清　肖　顺　主编

科学出版社
北　京

内 容 简 介

本教材共编入19个实验，分为两部分，第一部分为验证性实验，主要包含植物病原物一般形态及病害症状观察、各类病原物的形态特征及其所致病害观察，并附有重要病原物的显微照片和主要病害症状图；第二部分为综合性或设计性实验，主要包括植物病害标本的野外采集、调查、诊断与鉴定，病原物的分离、培养、接种及致病过程，病原物的生理生化特性测定等。目的是引导学生在学习植物病理学基本知识的同时，掌握植物病理学相关的基本技能，为进一步学习农业植物病理学等专业课程打下坚实的基础。

本教材既可作为高等农林院校普通植物病理学本科课程的配套实验课教材，也可作为独立开课的植物病理学实验课本科教材，还可作为农业科技工作者的工具书。

图书在版编目（CIP）数据

普通植物病理学实验指导/蔡学清，肖顺主编. —2版. —北京：科学出版社，2021.11

科学出版社“十三五”普通高等教育本科规划教材　国家级精品资源共享课配套教材

ISBN 978-7-03-066760-1

Ⅰ.①普…　Ⅱ.①蔡…　②肖…　Ⅲ.①植物病理学-实验-高等学校-教学参考资料　Ⅳ.①S432.1-33

中国版本图书馆CIP数据核字（2020）第218128号

责任编辑：王玉时　林梦阳／责任校对：刘　芳
责任印制：吴兆东／封面设计：迷底书装

科学出版社出版
北京东黄城根北街16号
邮政编码：100717
http:// www.sciencep.com

三河市骏杰印刷有限公司印刷
科学出版社发行　各地新华书店经销
*
2006年10月第　一　版　开本：787×1092　1/16
2021年11月第　二　版　印张：11 1/2
2025年12月第六次印刷　字数：258 336

定价：49.80元

（如有印装质量问题，我社负责调换）

《普通植物病理学实验指导》（第二版）
编写人员名单

主编：蔡学清　肖　顺

编者（按姓氏汉语拼音排序）：

蔡学清　丁新伦　洪鹏翔　胡红莉

刘国坤　王宝华　肖　顺

审稿：胡方平　张绍升　许文耀

第二版前言

《普通植物病理学实验指导》是国家精品课程教材《普通植物病理学》配套使用的实验课教材，可作为各高等农林院校植物保护专业的实验和实践教学用书，也可作为从事植物保护专业科技工作者的工具书。

《普通植物病理学实验指导》自2006年第一版出版以来，先后印刷了近20次，累计印量1万余册，受到兄弟院校同行的认可。近年来，实验教学围绕“培养学生实验动手能力、研究式学习能力、科学思维能力，提高综合素质启迪创新思维”的主旨，在课程体系、教学内容、教学方法和教学模式（MOOC、翻转教学）等方面不断进行改革。为了适应新型的教学模式，本次修订在保持原版的指导思想和框架的基础上，对原有的实验内容进行整合、删减和增加，将第一版教材中的28个实验修订为19个实验，包括10个验证性实验和9个综合性或设计性实验，其中，综合性或设计性实验可作为学生的开放性实验，学生除了在规定的集中上课时间内进入实验室外，可在课外灵活安排时间进入实验室继续完成相关的实验。

另外，为了适应现代化教育技术的需要，本教材增加了数字化教学资源，可用于开设普通植物病理学虚拟仿真实验，部分实验项目还可进行网上开放教学，能够满足现代新型教学手段的需求，是一本数字化实验课教科书。

本教材修订基本保持原版编写队伍，并在第一版主编许文耀教授的指导下完成。负责本次修订的人员：蔡学清教授（实验六、实验七、实验八、实验十六、实验十七、实验十八、附录Ⅱ）、刘国坤教授（实验一、实验十、实验十二、实验十四）、肖顺教授（实验十一、实验十五）、王宝华副教授（实验二、实验三、实验十九）、丁新伦副教授（实验九）、胡红莉博士（实验四、实验五）、洪鹏翔讲师（实验十三、附录Ⅰ）。

在本教材的修订期间承蒙胡方平教授和张绍升教授对修订大纲、修订方案以及修订稿进行审阅和修改；同时还得到科学出版社王玉时编辑的大力支持和帮助，在此谨致谢意。

限于编者的水平，书中疏漏在所难免，敬请各位同行和读者不吝批评指正。

编　者

2020年8月18日

第一版前言

《普通植物病理学实验指导》是与国家级精品课程教材《普通植物病理学》配套使用的实验课教材，既可作为植物保护专业本科学生《普通植物病理学》的配套实验教材，又可作为独立开设普通植物病理学实验课的教材，还可作为植物病理学研究工作者的参考书。

本书编写的指导思想是在培养植物病理学基本操作技能的基础上，以提高学生的实践能力、设计能力和分析问题的能力为重点。为此，在实验内容上除了选用传统普通植物病理学实验的植物病害病原物形态观察、验证性实验外，加入了学生自己动手完成植物病害发生发展过程相关环节的实验，同时设计了若干个综合性和设计性实验。

目前，国内多数农业院校的普通植物病理学实验教学利用多媒体或影像展示等电化教学手段。因此，本书压缩了观察性实验的次数，扩大每一次观察性实验的容量，设置了综合性和设计性实验课。在普通植物病理学实验教学课时的安排上，大多数院校设置了实验课和教学实践（实习）环节，并采用集中上课的模式。根据植物病理学实验课程的特点，实际上，许多技术操作性实验难以在规定的 3 学时中完成全过程，有些实验需要长达几个月才能完成。采用集中上课时，往往需要由指导教师或实验技术人员替代学生完成部分的实验内容。这种实验难以达到普通植物病理学实验的教学目的。因此，在课时安排上建议将实验课和教学实践（实习）课统筹安排，将一定学时集中上课和一定学时分散操作相结合，这更能满足植物病理学实验课程的教学要求。同时，建议实验室对学生开放。本书将大部分观察性实验课、综合性和设计性实验课作为实验室对学生开放实验的主要内容，使学生除在规定的集中上课时间内进入实验室外，在课外时间可根据时间与实验室条件进入实验室继续完成相关的实验，从时间上保证了学生可独立完成每个实验的内容。

本书共 28 个实验，包含植物病害的症状类型观察，各类病原物的形态观察，病原物的分离、培养、接种、致病过程的观察，病原物致病性分化和寄主抗病性鉴定，病原物的生理生化特性，植物病害的调查、诊断与鉴定，植物病害标本的采集与制作，植物病害的流行和防治等经典的植物病理学实验及研究技术。着重训练学生的基本操作技能。同时，加入了现代植物病理学的实验技术手段，如血清学技术、电镜技术、PCR 技术、植物病原检索鉴别计算机辅助系统的应用等相关内容，使培养的学生能适应现代植物病理学发展的要求。在实验内容安排上，将观察性实验课时的比重降低，提高了操作技能训练实验课时的比重，加入了“植物病害的诊断与病原物的鉴定”、“病原物的致病性分化鉴定”和“寄主植物的抗病性鉴定”3 个综合性、设计性实验。实验内容分为必做实验（实验一至实验八、实验十至实验十二、实验十七）和选做实验（实验九、实验十三至实验十六、实验十八至实验二十八），不再区分实验课和教学实践（实习）课。对选做实验，教材使用单位可根据教学条件和学生的兴趣选择相关实验内容；全体学生可同时选一个实验，也可分成若干小组，不同组选做不同实验。其中，实验二十六至实验二十八是综合性、设计性实验，建议每个学生至少选做其中一个实验。

本书主要按目的要求、材料与仪器、实验内容和方法、作业与思考题的体例编写。本书既可满足目前许多院校独立开设普通植物病理学实验课的要求，又可满足将实验课作为《普通植物病理学》课程组成部分的要求。

本书的编写是在国家级精品课程教材《普通植物病理学》编写委员会指导下进行的，由福建农林大学植物病理学系、植物病毒研究所一批从事实验教学多年的教师和实验技术人员共同完成。参与编写的有刘国坤（实验一、实验八和实验十二）、鲁国东（实验二、实验三、实验四）、王宝华（实验二、实验三、实验四、实验十二和实验十九）、蔡学清（实验五、实验六、实验七、实验十四、实验二十、实验二十一、实验二十三和实验二十六）、唐乐尘（实验五、实验六和实验二十二）、许文耀（实验九、实验十三、实验十四、实验十七、实验二十五、实验二十七和实验二十八）、林成辉（实验十和实验十一）、林丽明（实验十五、实验十六、实验十八、实验十九和实验二十）、洪永聪（实验十三、实验二十五、附录Ⅰ和附录Ⅱ）、陈玉森（实验二十四和附录Ⅱ）。初稿完成后，由许文耀、刘国坤、蔡学清三位老师负责统稿。感谢胡方平教授、张绍升教授审稿。在本书编写期间，得到福建农林大学植物病毒研究所、植物病理学系和科学出版社的大力支持和帮助，在此谨致谢意。

限于编者的水平，书中疏漏和错误在所难免，敬请各位同行和读者不吝批评指正。

编　者

2006年6月18日

植物病理学实验室守则

1. 实验前要充分预习实验指导，明确实验的基本原理、目的要求，了解实验内容与方法、注意事项。

2. 认真听取教师讲解，细心操作，认真观察，如实记录实验（观察）结果；需进行标记的实验材料，应按规定认真标记，以防混淆和丢失。

3. 对各种仪器设备，应严格按照规范进行操作。使用过程中出现故障会损坏，应及时向指导老师或实验室管理人员报告；使用后应填写使用记录，并擦拭干净，放回原处。

4. 使用大功率电器、明火设备、压力容器之前，需检查仪器设备的可使用状态；使用时应有专人值守，如实填写使用记录；使用后按规定关闭仪器设备，并进行保洁。使用易燃、易爆物品，有毒和强腐蚀物品，必须在防护或隔离条件下进行。

5. 在实验室不得谈笑喧哗、不得吸食物品，确保实验安全有序地进行，保持室内整洁和安静。

6. 实验结束后应将废弃物放置在指定器具或场所内，不得随意丢弃；使用过的菌种，必须进行灭活处理。值日生必须清理实验场所，实验器材和药品按规定的摆放位置及排放顺序整理清楚，关闭门、窗、水、电、气等之后方可离开实验室。

目　录

验证性实验部分

实验一　植物病原物一般形态及病害症状观察

植物侵染性病害的病原物主要有菌物、细菌、病毒、线虫、寄生性植物等。植物病原菌物是真核生物，典型的营养体为菌丝，根据隔膜的有无可分为无隔菌丝和有隔菌丝。菌丝在培养基上通常形成圆形、毛绒状的菌落。植物病原细菌为单细胞原核生物，其基本形态多为杆状，个体小，需要在油镜下（1000 倍）才能观察，繁殖方式一般是裂殖，在固体培养基上可形成各种不同形状、质地和颜色的菌落。植物病毒是一类非细胞形态的细胞内寄生物，主要由核酸和蛋白质组成，有杆状、球状、丝状等类型，只能通过电子显微镜才能观测。植物病原线虫为小型低等无脊椎动物，多为雌雄同形，为不分节的乳白色透明线形体；少数为雌雄异形，雄虫线状，雌虫洋梨形或球形。寄生性植物是指因缺乏叶绿素不能营光合作用或某些器官退化而成为异养的寄生性植物。

植物受病原物侵染后，经过一系列的病理程序，最后表现为植物外部可见的症状。一种病害的症状特征往往具有稳定性和特异性，这是诊断植物病害的基础。植物病害症状可区别为两类不同性质的特征：病状和病征。植物病害症状标本常被制作成蜡叶标本或液浸标本进行保存，但常因在制作或保存过程中其颜色或质地发生改变，症状可能会失去一些特征性，如病征脱落不明显或病状颜色失去原色，在观察这类标本时要注意辨别。实验前最好采集一些典型症状的新鲜标本进行观察。

一、目的要求

通过实验观察，初步识别植物病原菌物、细菌、病毒、线虫和寄生性植物的基本形态或繁殖体特性；初步掌握不同类型病原在植物上所表现出病害症状异同点；结合植物病害标本症状观察，初步学习描述和记载植物病害症状，加强对植物病害有个感性认识，为今后学习植物病害的诊断奠定基础。

二、材料与用具

（一）材料

植物病原菌物和病原细菌的平板培养物，植物线虫的分离物，新鲜的植物病害标本，各种类型植物病害的腊叶或液浸标本、植物病原物的玻片标本。

（二）用具

体视镜、显微镜、解剖挑针、载玻片、盖玻片。

三、实验内容和方法

（一）植物病原物的基本形态观察

1. 植物病原菌物菌落及营养体

（1）菌落观察　　观察平板培养基上腐霉菌（*Pythium* sp.）和镰刀菌（*Fusarium* sp.）的菌落特征，注意菌落大小、形状、质地、颜色等形态特点。

（2）菌落营养体观察　　用解剖挑针挑取上述 2 种菌物的丝状物于载玻片上的水滴中，盖上盖玻片，制成临时玻片，在光学显微镜下观察。注意观察菌丝的形状，分隔的有无等。

2. 植物病原细菌菌落

观察平板培养的水稻白叶枯病菌（*Xanthomonas oryzae* pv. *oryzae*）、白菜软腐病菌（*Pectobacterium carotovora* subsp. *carotovora*）菌落特征。注意菌落大小、形状、质地、颜色等形态特点。

3. 植物病毒的形态特征

观察烟草花叶病毒（tobacco mosaic virus，TMV）、黄瓜花叶病毒（cucumber mosaic virus，CMV）、马铃薯 Y 病毒（potato virus Y，PVY）电镜照片，注意观察病毒粒体形状、大小。

4. 植物病原线虫的形态特征

体视镜下观察培养皿中活的水稻潜根线虫（*Hirschmanniella oryzae*）虫态，显微镜下观察玻片中水稻潜根线虫（包括雌虫、雄虫）标本。

5. 寄生性植物的形态特征

观察菟丝子（*Cuscuta* sp.）、桑寄生（*Loranthus* sp.）的蜡叶标本；观察寄生藻（*Cephaleuros* sp.）的新鲜标本。注意观察寄生性种子植物叶片有无与寄主植物接触寄生等情况。

（二）植物病害的症状观察

1. 病状类型

植物病害的症状类型主要可分为变色、坏死、腐烂、萎蔫和畸形等 5 大类。

（1）变色　变色大多发生在叶片，由于叶绿素的形成受阻或破坏而发生不同程度的褪绿或其他色素的出现而导致色泽的改变。果实、种子和花瓣也会有各种变色。变色的主要类型有以下几种。

褪绿或黄化：整个叶片或者叶片的一部分均匀地变色，褪绿是由于叶绿素的减少而使叶片表现为浅绿色。当叶绿素的量减少到一定程度就表现为黄化。观察植物缺素症（图1.1）；小麦黄矮病等病害标本。

彩图请扫码

花叶与斑驳：叶片不是均匀地变色。花叶是由于形状不规则的深绿、浅绿、黄绿或黄色部分相间而形成不规则的杂色，不同变色部分的轮廓是很清楚的。如果变色部分的轮廓不很清楚，这种症状就称作斑驳。观察烟草普通花叶病（图1.2）、菜豆花叶病等病害标本。

图1.1　柑橘缺硼与缺镁

图1.2　烟草普通花叶病

（2）坏死　坏死是植物局部细胞和组织的死亡引起的一种常见病状，常随病原和发病部位而表现不同程度的坏死。主要种类有以下几种。

斑点：病部局部组织或细胞坏死，产生各种形状、大小和颜色不同的斑点，如条斑、圆斑、角斑。观察玉米小斑病、稻瘟病、水稻细菌性条斑病（图1.3）、枇杷角斑病（图1.4）、烟草环斑病等标本。

彩图请扫码

枯死：病部局部或大部分组织发生变色、焦枯、死亡。观察马铃薯晚疫病、水稻白叶枯病（图1.5）等标本。

图1.3　水稻细菌性条斑病

图1.4　枇杷角斑病

图1.5　水稻白叶枯病

彩图请扫码

穿孔、落叶和落果：在病斑外围的组织形成离层，使病斑从健康组织中脱落下来，形成穿孔；有些植物的花、叶、果等受害后，在叶柄或果柄附近产生离层而引起过早的落叶、落果等。观察桃细菌性穿孔病（图 1.6）标本。

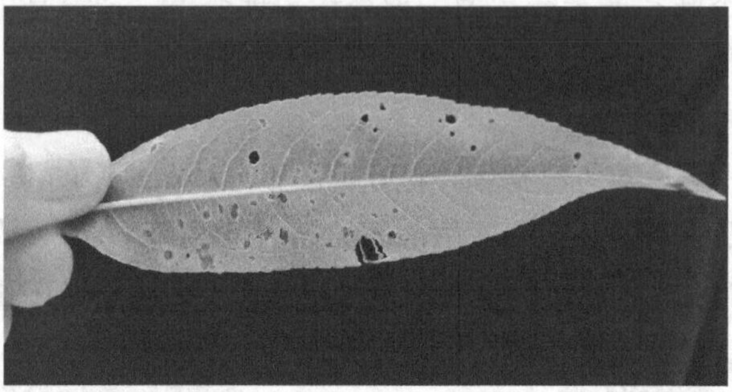

图 1.6 桃细菌性穿孔病

彩图请扫码

疮痂：果实、嫩茎、块茎等病组织局部木栓化，表面粗糙，病部凸起。观察柚疮痂病（图 1.7）、花生疮痂病（图 1.8）等标本。

图 1.7 柚疮痂病

图 1.8 花生疮痂病

彩图请扫码

溃疡：病部深入到皮层，组织坏死或腐烂，病部面积较大，稍凹陷，周围的寄主细胞有时增生或木栓化，多见于木本植物的枝干上的溃疡症状。观察柑橘溃疡病（图 1.9）、苹果腐烂病、番茄溃疡病等标本。

猝倒和立枯：大多发生在植物的苗期，幼苗的茎基或根冠坏死，地上部萎蔫以致死亡。观察瓜苗猝倒病、红麻立枯病（图 1.10）等标本。

图 1.9 柑橘溃疡病

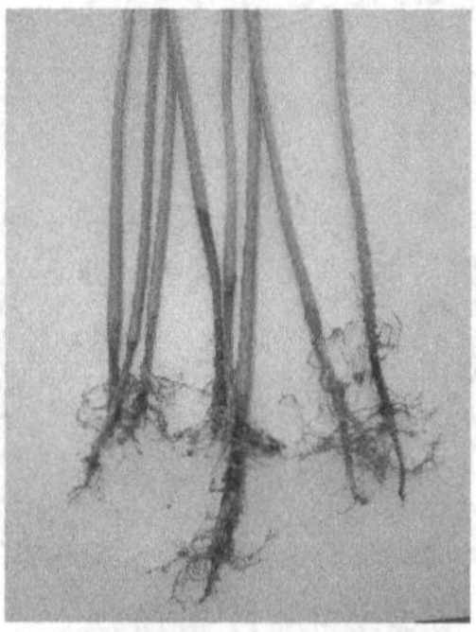

图 1.10 红麻立枯病

（3）腐烂　　腐烂指植物组织较大面积的分解和破坏。腐烂与坏死有时不易区别。一般来说，腐烂是整个组织和细胞受到破坏和消解，而坏死则多少还保持原有组织的轮廓。腐烂根据失水快慢可以分干腐和湿腐。观察白菜软腐病（图 1.11）、柑橘贮藏期青霉病、甘薯茎线虫病等标本。

彩图请扫码

图 1.11　白菜软腐病

（4）萎蔫　　萎蔫指全株茎叶呈失水状萎垂甚至枯死。典型的萎蔫症状是指植物根茎的维管束组织受到破坏而发生的凋萎现象。观察番茄青枯病（图 1.12）、香蕉镰刀菌枯萎病（图 1.13）等标本。注意观察植物根部是否变色，用刀片将植物茎部或根部纵切，观察其维管束组织是否变色。

彩图请扫码

图 1.12　番茄青枯病

图 1.13　香蕉镰刀菌枯萎病

（左：整株萎蔫；右：假茎横截面）

（5）畸形　　由于病组织或细胞的生长受阻或过度增长而造成的形态异常，包括叶、花、枝、果等各种反常生长的形状。植物病害的畸形症状类型很多，常见的有以下几种。

徒长：植物节间明显过度生长，病株比健株明显高，如水稻恶苗病。

矮缩和丛生：矮缩是指植物节间缩短或停止生长，病株比健株矮小得多；丛生是枝条或侧根异常的增多，导致丛枝或丛根。观察水稻矮缩病、小麦黄矮病、香蕉束顶病（图 1.14）、玉米矮化病标本、枣疯病、龙眼丛枝病（图 1.15）标本。

彩图请扫码

图 1.14　香蕉束顶病

图 1.15　龙眼丛枝病

彩图请扫码

瘤肿：病部的细胞或组织因病原物的刺激而增生或增大，呈现出瘤肿。观察桃根癌病、番茄根结线虫病（图 1.16）、白菜根肿病标本。

卷叶：叶片卷曲或皱缩，有时病叶变厚、变硬，严重时呈卷筒状。观察扶桑曲叶病毒病（图 1.17）、蚕豆黄化卷叶病标本。

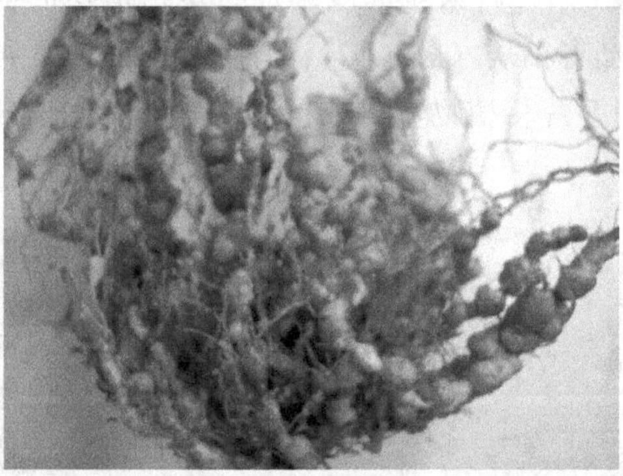

图 1.16　番茄根结线虫病

图 1.17　扶桑曲叶病毒病

彩图请扫码

蕨叶：叶片变成丝状、线状或蕨叶状。观察番茄蕨叶病（图 1.18）、辣椒蕨叶病、双子叶植物的 2,4-D 药害标本。

畸果或小果：畸果指果实变形，小果指果实比一般瘦小。观察柑橘黄龙病的畸果（图 1.19）标本。

疱斑：在叶面或果实上有凸起或凹下部分，表面不平，形成疱斑，往往凸的部分颜色变深。观察烟草花叶病（图 1.20）等标本。

此外一些病毒病会产生特性异的畸形症状，如耳突或脉肿、扁枝、肿枝、茎沟、拐节、花变叶等。

图 1.18　番茄蕨叶病

图 1.19　柑橘黄龙病

图 1.20　烟草花叶病

2. 病征类型

植物病害的病征是在植物发病部位产生的病原物体，主要有以下 8 类。

（1）霉状物　　许多菌物病害的常见病征。根据病原物的种类形成特征性的霉层，如青霉、绿霉、灰霉、黑霉、霜霉等。观察柑橘青霉病（图 1.21）、马铃薯晚疫病（图 1.22）、十字花科蔬菜霜霉病、甘薯软腐病、黄瓜灰霉病标本。

彩图请扫码

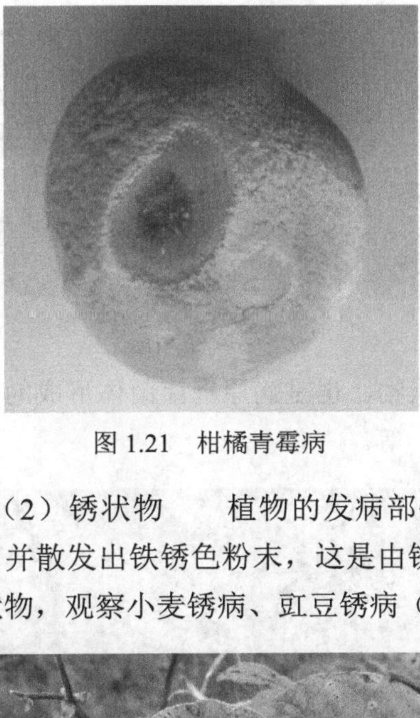

图 1.21　柑橘青霉病

图 1.22　马铃薯晚疫病

（2）锈状物　　植物的发病部位，特别是茎、叶表面产生黄色或褐色的铁锈状突起物，并散发出铁锈色粉末，这是由锈菌侵染引起的病征；有些植物的发病部位产生白色疱疹状物，观察小麦锈病、豇豆锈病（图 1.23）、空心菜白锈病（图 1.24）等标本。

彩图请扫码

图 1.23　豇豆锈病

图 1.24　空心菜白锈病

彩图请扫码

（3）粉状物　植物叶片、枝条或果实被病菌侵染后，表面产生一层粉末状物，白色或黑色。观察作物白粉病（图 1.25）、作物黑粉病（图 1.26）等标本。

图 1.25　桑白粉病

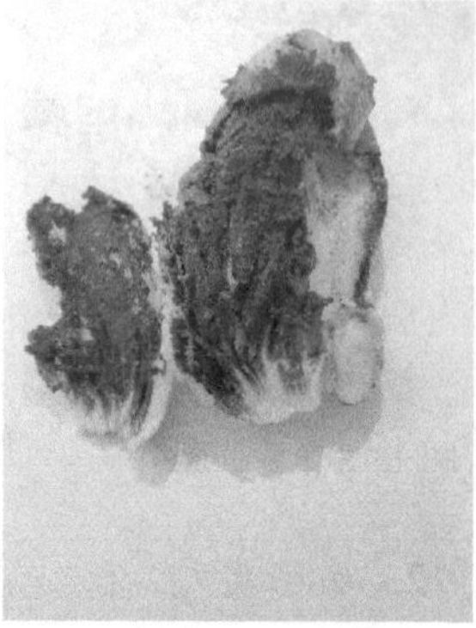

图 1.26　玉米黑粉病

彩图请扫码

（4）小黑点　植物发病部位表面生成黑色的或褐色的小颗粒，不规则或呈轮纹状排列。为病原菌物的子实体。观察柚黑星病（图 1.27）、柿白粉病（图 1.28）、茶轮斑病（图 1.29）等。

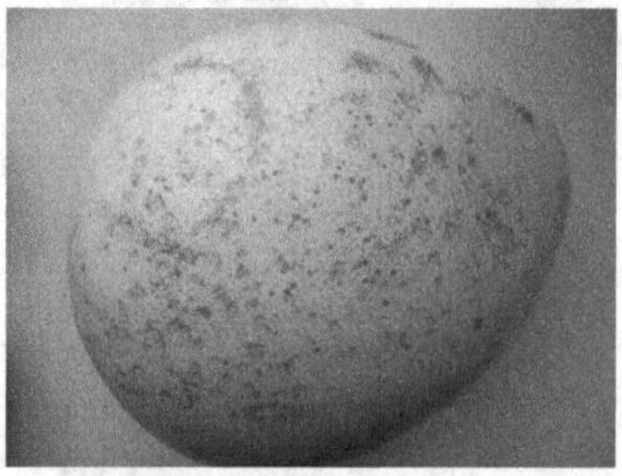

图 1.27　柚黑星病

图 1.28　柿白粉病

图 1.29　茶轮斑病

彩图请扫码

（5）煤污状物　植物发病部位表面覆盖一层煤状物，也是病原真菌菌体形成的，如茶煤病、柑橘煤烟病（图 1.30）、紫薇煤烟病（图 1.31）等。

图 1.30　柑橘煤烟病

图 1.31　紫薇煤烟病

彩图请扫码

（6）菌核　植物发病部位形成各种圆形、不规则形或鼠粪状物体。观察水稻纹枯病、胡萝卜菌核病（图 1.32）、辣椒白绢病（图 1.33）等的菌核，注意菌核的形状、颜色等特征。

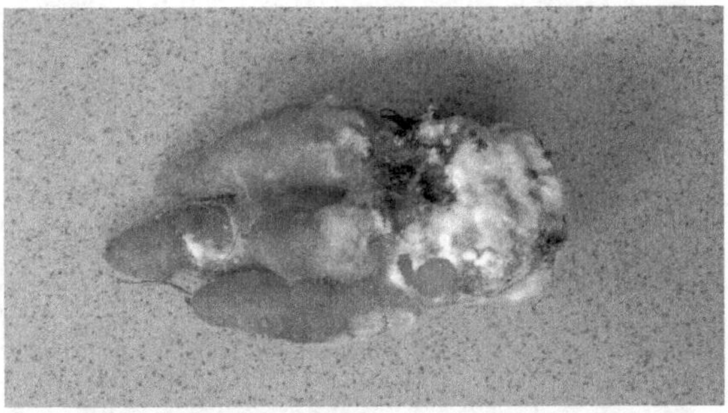

图 1.32 胡萝卜菌核病

图 1.33 辣椒白娟病

（7）菌脓　　在潮湿条件下一些细菌病害在发生部位表面以及伤口、水孔、皮孔分泌出乳白色或黄色黏液状物质，一些菌脓干燥后呈鱼子状。观察水稻细菌性条斑病（图 1.34）或水稻白叶枯病标本。

（8）寄生性植物　　寄生性种子植物或寄生藻（图 1.35）寄生于植物，在寄生处形成肉眼可见的寄生性植物体本身。

彩图请扫码

图 1.34 水稻细条病病斑（菌脓）

图 1.35 广玉兰藻斑病

四、作业与思考题

（一）作业

1. 对所观察菌物菌落及细菌菌落特征进行描述，比较二者差异。
2. 描绘菌物腐霉菌（*Pythium* sp.）和镰刀菌（*Fusarium* sp.）的菌丝特点。
3. 将实验课中所呈列的植物病害症状标本按表 1.1 内容填写。

表 1.1 植物病害病原及症状观察

病害名称	病原种类	发病部位	病状类型	病征类型

（二）思考题

1. 为什么菌物病害早期症状看不到病征？
2. 在植物病害病部发现的病征一定是该病害的病原物吗？
3. 植物病毒病为何没有外部病征？
4. 为什么说植物病害症状的稳定性和特异性是相对的？

实验二　根肿菌门、卵菌门菌物形态特征及其所致病害观察

根肿菌门（Plasmodiophoromycota）和卵菌门（Oomycota）的菌物属于鞭毛类菌物，无性繁殖都产生具有鞭毛的游动孢子。

一、目的要求

通过本实验了解根肿菌门、卵菌门菌物的主要形态特征，掌握与植物病害有关的重要属的基本形态特征、分类依据及其所致病害的症状特点。同时，学习使用检索表来鉴定病菌，为分类鉴定打下初步基础。

二、材料与用具

（一）材料

十字花科蔬菜根肿病菌（*Plasmodiophora brassicae*）、马铃薯粉痂病菌（*Spongospora subterranea*）、水稻烂秧串囊水霉病菌（*Saprolegnia monilifera*）、稻绵霉（*Achlya* spp.）、瓜果腐霉（*Pythium aphanidermatum*）、马铃薯晚疫病菌（*Phytophthora infestans*）或辣椒疫霉（*P. capsici*）、粟白发病菌（*Sclerospora graminicola*）、葡萄霜霉病菌（*Plasmopara viticola*）、黄瓜霜霉病菌（*Pseudoperonospora cubensis*）、莴苣霜霉病菌（*Bremia lactucae*）、十字花科植物霜霉病菌（*Peronospora parasitica*）、蕹菜白锈病菌（*Albugo candida*）的玻片标本及病害的腊叶或液浸标本，多媒体教学课件及影像资料等。

（二）用具

显微镜、解剖挑针、载玻片、盖玻片、装有浮载剂的滴瓶、刀片、小垫板、滤纸、小纱布、投影仪和多媒体教学设备。

三、实验内容和方法

（一）根肿菌门菌物形态特征观察

根肿菌门（Plasmodiophoromycota）菌物全部为专性寄生菌，寄生于高等植物的根和茎内、藻类和其他水生真菌上，引起寄主细胞的非正常增大（过度生长）和寄主细胞的非正常增殖（细胞增殖），被害部位形成肿瘤，故称根肿菌。具有明显的水生习性。营养体为原生质团，繁殖时整个营养体转变为繁殖体（厚壁休眠孢子-休眠孢子囊），整体产果式，内生式，具变形虫式运动和获食。所有根肿菌都产生具顶生双鞭毛的游动孢子（由休眠孢子囊萌发时释放出），均为尾鞭型，不等长，短的向前，长的向后。根肿菌门属于原生动物界（Protozoa），只有 1 个根肿菌纲（Plasmodiophoromycetes），1 个根肿菌目（Plasmodiophorales），与植物病害关系密切的有以下两属。

1. 根肿菌属（*Plasmodiophora*）

根肿菌是常见的植物病原菌，它是细胞内的专性寄生物，危害植物引起肿根受害，使根变粗而肿大。受害细胞内有病原菌的营养体，为形状不定的原生质团。有的寄主细胞内可见到许多堆积在一起的鱼子状颗粒，是病菌的休眠孢子，休眠孢子近球形，有细胞壁。

观察十字花科蔬菜根肿病的病害标本，注意根肿的特点。镜检十字花科蔬菜根肿病菌（*P. brassicae*）的玻片标本，观察寄主细胞内的休眠孢子及其排列方式（图 2.1）。

彩图请扫码

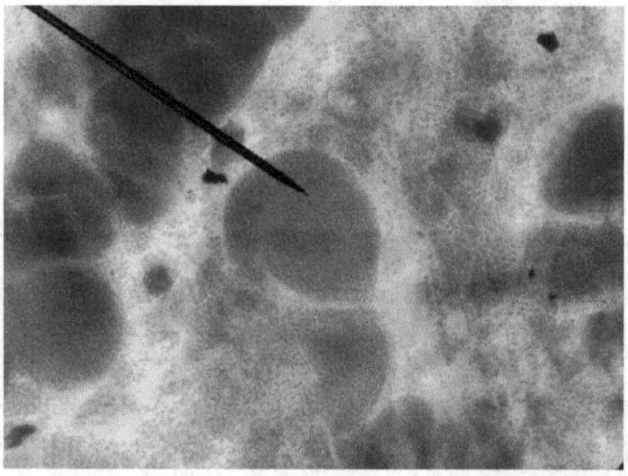

图 2.1　十字花科蔬菜根肿病菌（*P. brassicae*）的休眠孢子囊堆

2. 粉痂属（*Spongospora*）

马铃薯粉痂病只发生在马铃薯的皮层组织，不深入根内部组织。受害马铃薯表皮粗糙。镜检马铃薯粉痂病菌切片，在寄主根的皮层组织的受害细胞中可看到病原菌的休眠孢子，球形至多角形，多个休眠孢子聚集呈海绵球或空心球。有病菌的寄主细胞并不明显肿大。

两属的主要区别：根肿菌属的休眠孢子彼此分离，不能结成休眠孢子堆，似鱼卵状充塞寄主细胞。粉痂属的休眠孢子成熟联结成休眠孢子堆，呈多孔隙的海绵状球体。

观察马铃薯粉痂病的病害标本，镜检马铃薯粉痂病菌（*S. subterranea*）的玻片标本，观察寄主细胞内休眠孢子及其排列方式（图 2.2）。

彩图请扫码

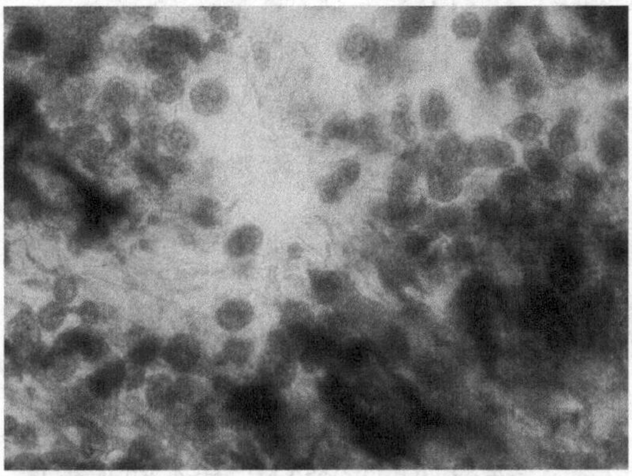

图 2.2　马铃薯粉痂病菌（*S. subterranea*）的休眠孢子囊堆

（二）卵菌门菌物形态特征观察

卵菌门（Oomycota）菌物是淡水、海水和陆地上常见的一类生物。多数水生类型（常称之为水霉）腐生于动植物残体上，多数陆生卵菌为高等植物的兼性或专性寄生菌，引起一些重要农作物的重病害。卵菌的营养体为二倍体，一般具有发达的、无隔膜多核的菌丝体，自由分枝，少数低等类群为多核、具有细胞壁的单细胞。细胞壁的主要成分是纤维素和 β-葡聚糖。无性繁殖由孢子囊或游动孢子囊产生梨形或肾形的游动孢子。游动孢子具等长双鞭毛，茸鞭在前，尾鞭在后。有性繁殖通过异型的雄器和藏卵器交配，在藏卵器中形成一个或多个二倍体的卵孢子。

卵菌门只有 1 个卵菌纲（Oomycetes），其中，与植物病害关系密切的有水霉目（Saprolegniales）、腐霉目（Pythiales）、霜霉目（Peronosporales）和白锈目（Albuginales）菌物。

1．水霉目（Saprolegniales）

水霉目卵菌的寄生能力较弱，孢子囊有层出现象，游动孢子具有两游现象，藏卵器中形成一个至多个的卵孢子。游动孢子囊不脱落，与菌丝无显著差异，该目与植物病害关系较大的有以下 2 个属。

（1）水霉属（*Saprolegnia*）　菌丝发达，有分枝、无分隔。游动孢子囊棍棒形、圆筒状或丝状，产生在菌丝顶端。游动孢子两游现象明显，即在孢子囊中形成梨形双鞭毛游动孢子自孢子囊逸出，经过一段休止后又形成肾脏形双鞭毛的游动孢子。孢子囊形成具内层出现像，即新的孢子囊是从老的孢子囊内的基部长出。藏卵器球形、卵形，内含一至多个卵孢子。雄器侧生于藏卵器。

串囊水霉（*S. monilifera*）可引起水稻烂秧。镜检培养皿中用芝麻籽或大米粒培养的水霉菌，注意观察菌丝、游动孢子囊、藏卵器和卵孢子的形态特征（图 2.3）。

彩图请扫码

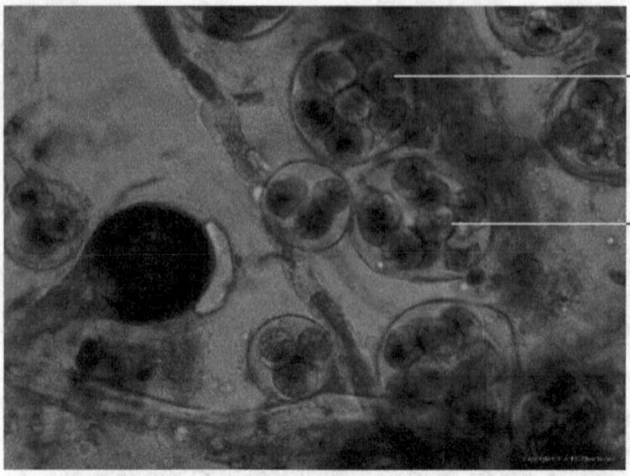

图 2.3　水霉属（*Saprolegnia*）的藏卵器和卵孢子

（2）绵霉属（*Achlya*）　绵霉属的形态特征基本同水霉属，主要区别：①第一型游动孢子游动期短，即成熟的游动孢子从孢子囊中游出后立即成团聚集于孢子囊孔口上呈休止状，以后变为肾脏形双鞭毛的游动孢子。②孢子囊圆筒形或棍棒形，游动孢子囊的形成为侧生现象，即新孢子囊从老孢子囊基部外侧长出，并可重复多次，孢子囊呈聚伞形排列。③藏卵器内形成多个卵孢子。

彩图请扫码

稻绵霉（*A.* spp.）、层出绵霉（*A. prolifera*）和鞭绵霉（*A. flagellata*）都能侵染水稻，引起水稻烂秧和稻苗绵腐病。镜检培养皿中用芝麻籽或大米粒培养的绵霉菌，观察菌丝、游动孢子囊、藏卵器和卵孢子的形态特征，注意和水霉属的区别（图 2.4）。

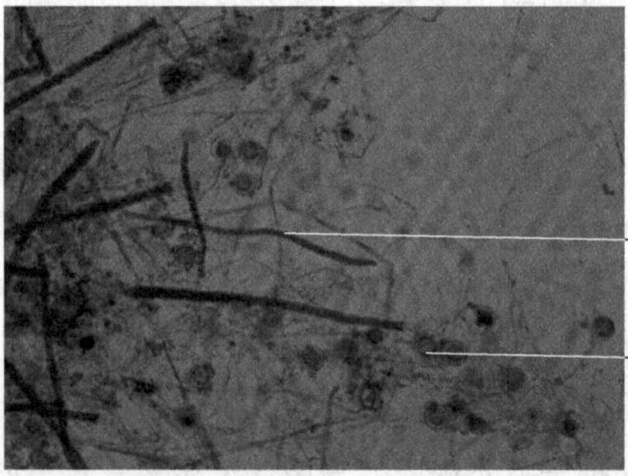

图 2.4　绵霉属（*Achlya*）的游动孢子囊及藏卵器

2. 腐霉目（Pythiales）

腐霉目卵菌的孢囊梗具无限生长习性，游动孢子无两游现象，藏卵器内只含有 1 个卵孢子。本目中严重危害植物的有以下 2 个属。

（1）腐霉属（*Pythium*）　孢子囊形成于菌丝顶端或中间，菌丝状、球形或姜瓣状，后熟后一般不脱落。菌丝状的孢子囊与菌丝无区别。孢子囊萌发时生出小管，在小管的顶端形成一个水泡状泡囊，孢子囊中未分化的原生质体通过此管进入泡囊，并在泡囊内进行游动孢子的分化。游动孢子肾脏形，双鞭毛。孢囊梗与菌丝分化不明显。藏卵器亚球形、柠檬形或椭圆形，只形成一个卵孢子；雄器侧生于藏卵器。

瓜果腐霉（*P. aphanidermatum*）可以引起多种经济作物幼苗的猝倒病和瓜果的腐烂病。观察蔬菜幼苗猝倒病病株或标本，注意受害部位及其症状特点。切取一小块生长旺盛的瓜果腐霉并移至清水中，在 18～20 ℃下培养 24～36 h，然后用解剖针从水中挑取少量菌丝制片镜检。观察菌丝、游动孢子囊、孢囊梗、藏卵器和卵孢子的形态特征（图 2.5）。

彩图请扫码

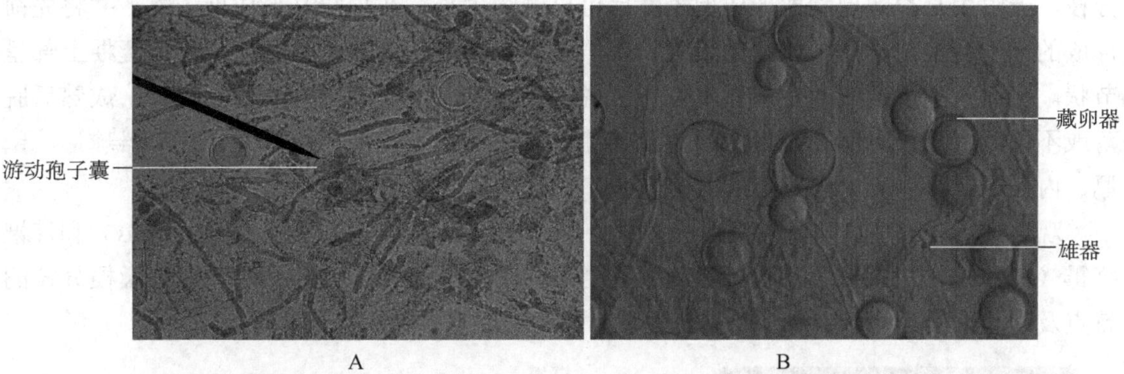

图 2.5　瓜果腐霉（*P. aphanidermatum*）的游动孢子囊（A）、雄器和藏卵器（B）

（2）霜疫霉属（*Peronophythora*）　孢囊梗为多级有限生长，孢子囊在每个小分枝顶端同步形成 1 个孢子囊。孢囊梗主干明显，上部二叉状分枝 1 至数次。但有时在同一孢囊梗上的小分枝可继续生长，如此形成 2 级乃至多级孢囊梗，并再次同步形成孢子囊。孢子囊柠檬形，具乳突和短柄，萌发时产生游动孢子。藏卵器球形，内含 1 个球形的卵孢子；雄器侧生或围生。

荔枝霜疫霉（*P. litchi*），危害荔枝果实引起霜霉病，造成果腐。观察荔枝霜疫霉病果，注意受害部位的症状特点。镜检荔枝霜疫霉的玻片标本或挑取病果表面白色菌丝制作的临时玻片，观察孢囊梗的分枝特点以及孢子囊的形态特征（图 2.6）。

彩图请扫码

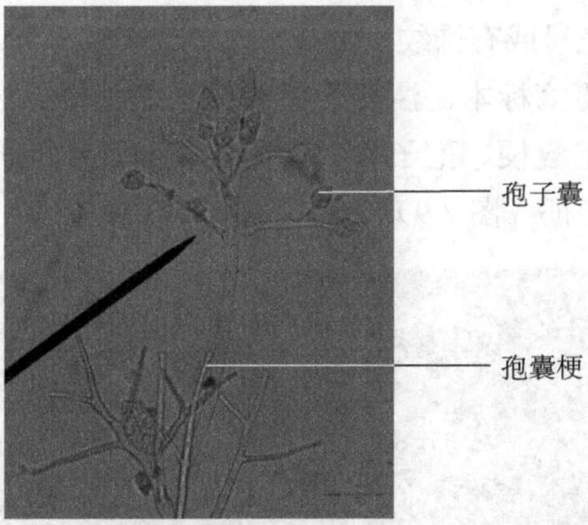

图 2.6　荔枝霜疫霉（*P. litchi*）的孢囊梗、孢子囊

3. 霜霉目（Peronosporales）

霜霉目卵菌多数是植物地上部分的专性寄生菌，产生吸器进入寄主细胞内吸取养分，都引起高等植物重要病害。藏卵器中只形成一个卵孢子。游动孢子无两游现象。孢子囊一

般是产生在特殊分化的孢囊梗上，较易从孢囊梗上脱落。除疫霉属外，侵染植物在病斑表面形成典型的霜状霉层，所引起的植物病害通常称霜霉病。根据孢囊梗的形态特点和孢子囊的形成方式来分科的。该目与植物病害关系密切的有以下几个属。

（1）疫霉属（*Phytophthora*）　孢囊梗从气孔伸出，单生或2～4根束生，呈假轴状分枝，无限生长，即孢囊梗形成孢子囊后可以继续生长，在顶端又形成孢子囊，并将先前形成的孢子囊推向一侧，如此继续生长，一枝孢囊梗可产生多个孢子囊，使孢囊梗上部呈节状。因此，孢子囊实际是从侧生位置上脱落下来的。孢子囊柠檬形，具乳突，成熟后脱落或不脱落。孢子囊萌发产生游动孢子或芽管。游动孢子肾形，双鞭毛，藏卵器球形、壁厚，内含一个卵孢子。雄器包在藏卵器的柄上或侧生。

彩图请扫码

观察马铃薯晚疫病和辣椒疫病的症状特点。镜检马铃薯晚疫病菌（*P. infestans*）和辣椒疫霉（*P. capsici*）的玻片标本，观察孢囊梗、游动孢子囊和游动孢子，注意孢囊梗分枝的特点及游动孢子囊的形状，以及孢囊梗和菌丝的形态差异（图2.7和图2.8）。

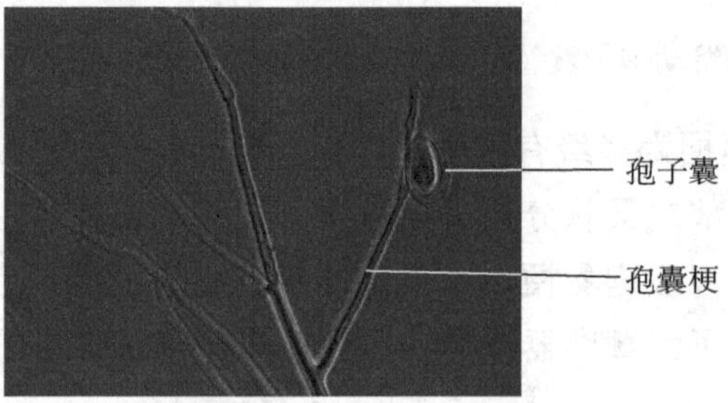

图2.7　马铃薯晚疫病菌（*P. infestans*）孢囊梗和孢子囊

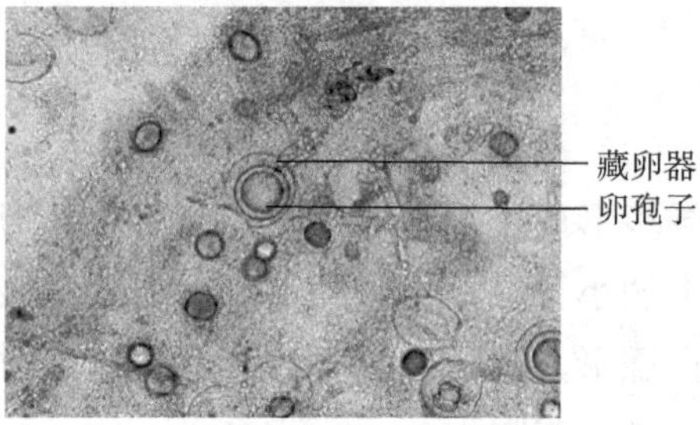

图2.8　辣椒疫霉（*P. capsici*）的藏卵器和卵孢子

（2）霜霉属（*Peronospora*）　孢囊梗主轴粗，基部稍膨大，上部呈双叉式锐角分枝2～10次，末端尖锐。孢子囊卵圆形，无色或有色，萌发产生芽管。藏卵器内卵周质明显，卵孢子圆球形，表面光滑或有饰纹。

彩图请扫码

观察十字花科蔬菜霜霉病标本，注意为害部位及症状特点。镜检观察十字花科蔬菜霜霉病菌（*P. parasitica*）的孢囊梗、孢子囊、藏卵器和卵孢子的形态特征，注意孢囊梗的分枝特点及分枝末端的形态特征（图2.9）。

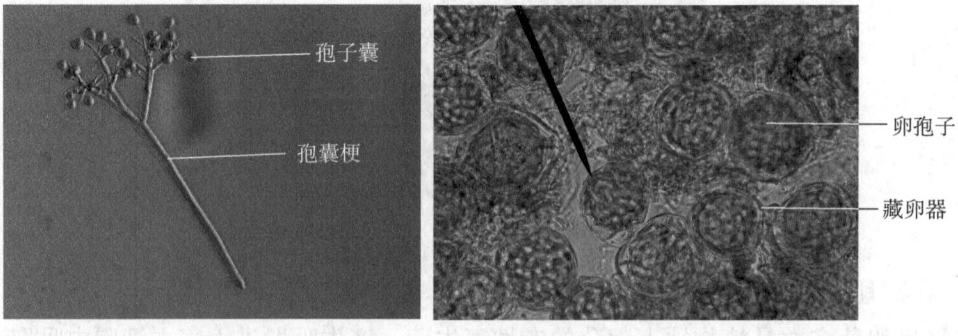

图2.9　十字花科蔬菜霜霉病菌（*P. parasitica*）的孢囊梗和孢子囊（A）及藏卵器和卵孢子（B）

（3）单轴霉属（*Plasmopara*）　孢囊梗细长、直角或近直角单轴分枝，末枝比较刚直，顶端钝圆或平截。孢子囊较小，球形或卵形，有乳突和短柄，易脱落，萌发时产生游动孢子或芽管。卵孢子圆形、黄褐色，但不常发现，卵孢子壁与藏卵器不融合。

观察葡萄霜霉病标本，注意为害部位及症状特点。镜检观察葡萄霜霉病菌（*P. viticola*）的孢囊梗、孢子囊的形态特征，注意孢囊梗的分枝特点及分枝末端的形态特征（图 2.10）。

彩图请扫码

（4）假霜霉属（*Pseudoperonospora*）　孢囊梗基部稍膨大，上部呈假单轴式二叉状锐角分枝，末枝略弯曲，顶端尖细。孢子囊球形或卵形，有色，有乳突，基部有时有短柄，萌发时产生游动孢子。卵孢子球形，黄褐色。

观察黄瓜霜霉病标本，注意为害部位及症状特点。镜检观察黄瓜霜霉病菌（*P. cubensis*）的孢囊梗、孢子囊、的形态特征的形态，注意孢囊梗的分枝特点及分枝末端的形态特征（图 2.11）。

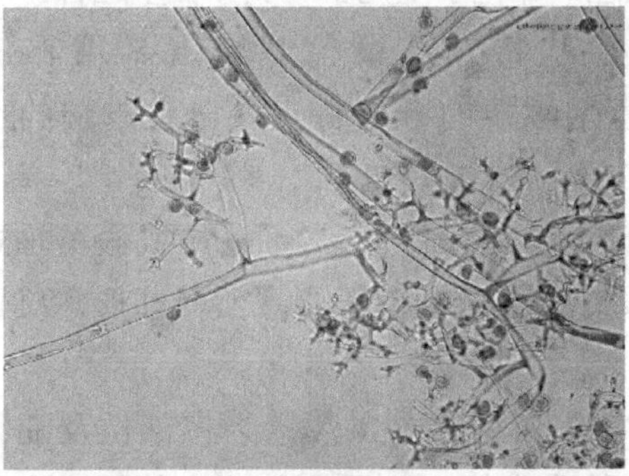

图 2.10　葡萄霜霉病菌（*P. viticola*）孢囊梗

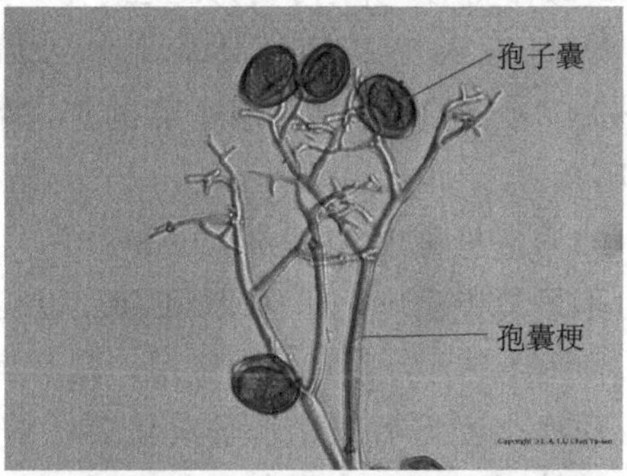

图 2.11　黄瓜霜霉病菌（*P. cubensis*）孢子囊及孢囊梗

（5）盘梗霉属（*Bremia*）　孢囊梗二叉状锐角分枝，末枝顶端膨大呈盘状，边缘生 3～6 个小梗，小梗上单生 1 个孢子囊。孢子囊近球形或卵形，具乳突或不明显，易脱落，通常直接萌发生芽管，但在黑暗、低温、水分充足条件下还能形成游动孢子。卵孢子球形、黄褐色，不满器，外壁光滑，一般情况下卵孢子不常见。

观察莴苣霜霉病标本，注意为害部位及症状特点。镜检观察莴苣霜霉病菌（*B. lactucae*）的孢子囊梗、孢子囊的形态特征，注意孢囊梗的分枝特点及分枝末端的形态特征（图 2.12）。

彩图请扫码

（6）指梗霉属（*Sclerospora*）　孢囊梗主轴粗壮，顶端不规则二叉状分枝，分枝粗短紧密。孢子囊椭圆形，倒卵形，有乳突，萌发时产生游动孢子。藏卵器球形，椭圆形或不规则形，深褐色，器壁纹饰显著。雄器丝状，通常 1 个。卵孢子圆形，黄色或黄红色，卵孢子壁大部与藏卵器壁融合。

观察粟白发病标本，注意为害部位及症状特点。镜检观察粟白发病菌（*S. graminicola*）的孢囊梗、孢子囊、藏卵器、卵孢子的形态特征，注意孢囊梗的分枝特点及分枝末端的形态特征（图 2.13）。

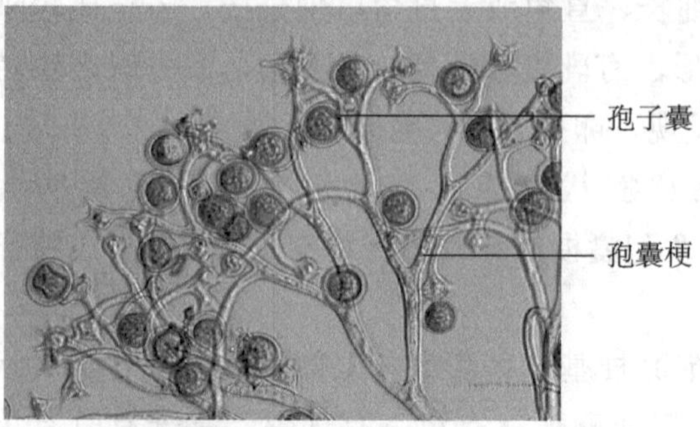

图 2.12 莴苣霜霉病菌（*B. lactucae*）孢子囊及孢囊梗

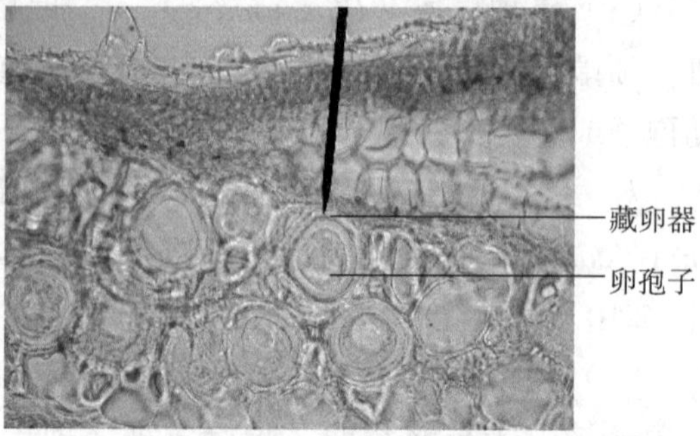

图 2.13 指梗霉属（*Sclerospora*）的藏卵器和卵孢子

（7）霜指霉属（*Peronosclerospora*） 孢囊梗二叉状分枝 2～5 次，上部分枝粗短，小梗圆锥形或钻形。孢子囊椭圆形，卵圆形或圆柱形，萌发时产生芽管。藏卵器近球形至不规则形。雄器侧生。卵孢子球形至近球形，黄色或黄红色，卵孢子壁几乎与藏卵器壁融合。

观察玉米霜霉病标本，注意为害部位及症状特点。镜检观察玉米霜霉病菌（*P. maydis*）的孢囊梗、孢子囊的形态特征，注意孢囊梗的分枝特点及分枝末端的形态特征。

（8）指疫霉属（*Sclerophthora*） 孢囊梗菌丝状，短而粗，常不分枝或假单轴式分枝；孢子囊柠檬形、卵形或椭圆形，具乳突，萌发时产生游动孢子。藏卵器球形，雄器侧生，卵孢子球形，淡黄色，壁厚，几乎满器。

观察小麦霜霉病、水稻黄化萎缩病或玉米“龙头”病标本，注意为害部位及症状特点。镜检观察玉米“龙头”病菌（*S. macrospora*）的孢囊梗、孢子囊的形态特征，注意孢囊梗的分枝特点及分枝末端的形态特征。

霜霉菌主要属的检索表

1. 孢囊梗主轴细或较粗壮，分枝发达……2
1. 孢囊梗主轴粗壮，分化程度较低……5
2. 孢囊梗单轴分枝，呈直角或近直角，末枝顶端钝圆……单轴霉属（*Plasmopara*）
2. 孢囊梗分枝对称或不对称，多呈锐角……3
3. 孢囊梗呈不对称二叉状锐角分枝，末枝顶端尖锐……假霜霉属（*Pseudoperonospora*）
3. 孢囊梗呈对称二叉状锐角分枝……4
4. 孢囊梗末枝顶端尖锐……霜霉属（*Peronospora*）
4. 孢囊梗分枝顶部膨大呈盘状，上生若干小梗，小梗顶端生孢子囊……盘梗霉属（*Bremia*）
5. 孢囊梗菌丝状，常不分枝或假单轴式分枝……指疫霉属（*Sclerophthora*）
5. 孢囊梗二叉状分枝……6
6. 孢囊梗分枝粗短紧密，孢子囊有乳突……指梗霉属（*Sclerospora*）
6. 孢囊梗上部分枝粗短，孢子囊较小，无乳突……霜指霉属（*Peronosclerospora*）

4. 白锈目（Albuginales）

白锈目卵菌是植物地上部分的专性寄生菌。

白锈菌属（*Albugo*）　白锈目只有1个白锈科，1个白锈菌属。白锈菌属是植物病害的专性寄生菌，危害植物在叶片正面形成不规则形的褪绿斑，在其背面产生乳白色或粉状的疱斑，这是病菌在寄主表皮下形成的孢子囊堆，白色粉状物是成熟的孢子囊。

菌丝在表皮细胞下形成并列的短棒形的孢囊梗，不分枝，顶端形成成串的孢子囊，切面呈栅栏状。孢子囊球形，孢子囊之间有胶状连接体，孢子囊萌发产生肾状双鞭毛的游动孢子。藏卵器圆形，卵周质明显，内含一个卵孢子，卵孢子壁有各种饰纹。雄器棍棒形，侧生。

观察十字花科蔬菜或空心菜（蕹菜）白锈病的病害标本，注意为害部位及症状特点。镜检切片，注意观察蕹菜白锈病菌（*A. candida*）孢囊梗着生的位置，形态和排列特点、藏卵器内卵孢子的数目，藏卵器壁与卵孢子壁是否愈合等（图2.14）。

彩图请扫码

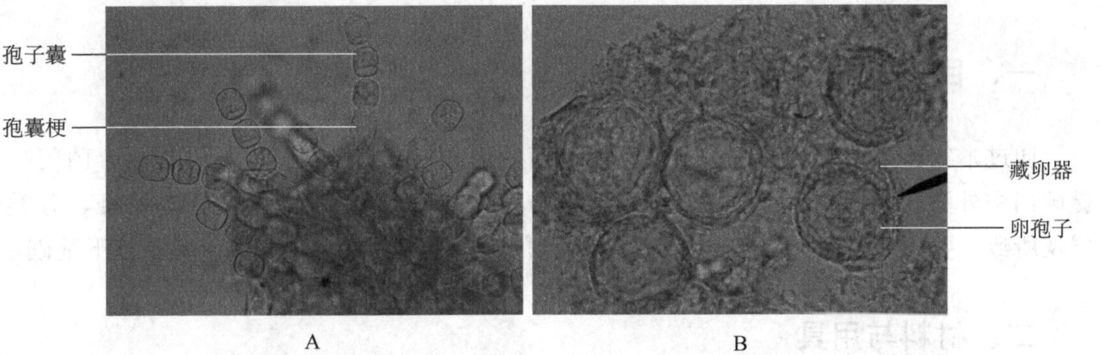

图2.14　蕹菜白锈病菌（*A. candida*）孢囊梗、孢子囊（A）和藏卵器、卵孢子（B）

四、作业与思考题

（一）作业

1. 描绘各属菌物的形态特征简图并标注各部位的名称。

2. 根据孢囊梗形态特征、分枝特点和孢子囊的形态特征，编一个霜霉菌分属检索表。

（二）思考题

1. 观察植物病害标本时，为什么除观察病害的病状外，还要详细观察病害的病征？病征与病原物有何联系？

2. 卵菌门菌物有哪些特点，即卵菌门区别于真正的真菌的特点是什么？

3. 根据水霉、腐霉、疫霉和霜霉的形态特征、生活习性与寄生性方面的差异，解释这些卵菌是从低级向高级演化的。

4. 霜霉菌为害植物时，为什么多发生在叶部？霉层主要出现在病斑背面？植物为什么常在低温多湿的条件下发病严重？

实验三　接合菌门、子囊菌门形态特征及其所致病害观察（一）

接合菌门和子囊菌门的菌物都为陆生，属于真菌界。细胞壁无纤维素，主要成分为几丁质。

一、目的要求

通过本实验了解接合菌门、子囊菌门真菌的形态特征及分类概况，掌握接合菌门、子囊菌门中外囊菌亚门和盘菌亚门中锤舌菌纲与植物病害有关的重要属的形态特征、分类依据及所致主要病害的症状特点，以便为接合菌门、子囊菌门的分类和病害鉴定打下基础。

二、材料与用具

（一）材料

匍枝根霉（*Rhizopus stolonifer*），大毛霉（*Mucor mucedo*），瓜笄霉（*Choanephora cucurbitarum*），桃缩叶病菌（*Taphrina deformans*），李囊果病菌（*T. pruni*），麦类白粉病菌（*Blumeria graminis*），烟草、芝麻、向日葵白粉病菌（*Erysiphe polygoni*，*E. cichoracearum*）或大豆白粉病菌（*E. glycines*），瓜类白粉病菌（*Sphaerotheca fuliginea*）或蔷薇科植物白粉病菌（*S. pannosa*），桃白粉病菌（*Podosphaera tridactyla*）、苹果白粉病菌（*P. leucotricha*）或山楂白粉病菌（*P. oxyacanthae*），板栗白粉病菌（*Microsphaera alni*）、胡桃白粉病菌（*M. juglandis*）或白栎白粉病菌（*M. alphitoides*），桑、柿子、核桃、梨白粉病菌（*Phyllactinia corylea*）或台湾猕猴桃白粉病菌（*P. actinidiae-formosanae*），朴树白粉病菌（*Uncinula kusanoi*）、木蜡树白粉病菌（*U. verniciferae*）或葡萄白粉病菌（*U. necator*），油菜菌核病菌（*Sclerotinia sclerotiorum*）或紫云英菌核病菌（*S. trifoliorum*）的玻片标本及其引起的植物病害的腊叶或液浸标本；多媒体教学课件等。

（二）用具

显微镜、解剖针、载玻片、盖玻片、装有浮载剂的滴瓶、刀片、小垫板、滤纸、小纱布、投影仪和多媒体教学设备。

三、实验内容和方法

（一）接合菌门真菌形态特征观察

接合菌门的真菌为陆生。大多数为腐生菌，有寄生菌，少数可以引起农产品的腐烂。营养体由简单到发达的菌丝体，大多数为多核无隔膜，有的菌丝形成蔓丝、假根、吸器、吸盘，有的表面能分泌黏性物质。典型的无性繁殖是产生孢子囊，内生不能动的孢囊孢子（静孢子），少数形成厚垣孢子、节孢子、芽孢子和酵母状细胞。孢子单核、双核和多核，单生或串生，内生或外生。有性生殖为同型或异型配子囊交配产生接合孢子（同宗配合或异宗配合）。有的可进行孤雌生殖，产生单性接合孢子或称拟接合孢子。

接合菌门中与植物病害关系密切的是毛霉菌亚门中的毛霉目（Mucorales）真菌，重要的属有根霉属（*Rhizopus*）、毛霉属（*Mucor*）和笄霉属（*Choanephora*）。

1. 根霉属（*Rhizopus*）

菌丝发达，有分枝，一般无分隔，分布在基物表面或基物内，有匍匐丝和假根。孢囊梗2～3根丛生，产生于假根相反方向的菌丝上，一般不分枝，顶端产生孢子囊。孢子囊球形，产生大量孢囊孢子。有囊轴，锣锤形，囊轴基部有囊托。孢囊孢子球形至卵圆形，单胞，表面有饰纹，呈蜜枣状。接合孢子色深，表面有瘤状突起，配囊柄膨大，两个柄大小不等。

匍枝根霉（*R. stolonifer*）可引起甘薯和果蔬的软腐病。该菌寄生性弱，从伤口侵入寄主，分泌果胶酶能力强，破坏力大，致窖藏甘薯软腐病，可使整窖腐烂。

观察甘薯软腐病的病害症状，注意观察病征。镜检玻片标本，观察匍枝根霉假根、匍匐丝、孢囊梗、囊轴、孢囊孢子的形态特征（图3.1）。

彩图请扫码

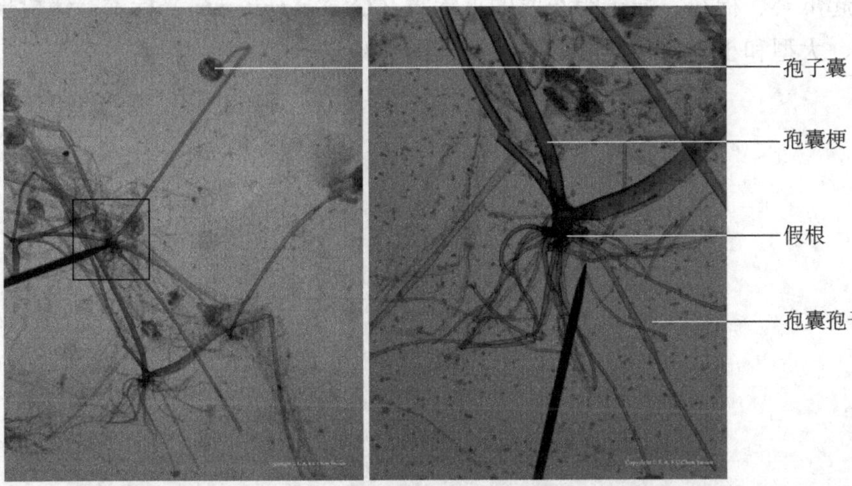

图3.1　匍枝根霉（*R. stolonifer*）的假根、孢囊梗、孢子囊和孢囊孢子

（左：整体图；右：局部放大）

2. 毛霉属（*Mucor*）

菌丝体分化出直立，不分枝或有分枝的孢囊梗，不形成匍匐丝和假根。孢囊梗顶端着生球状的孢子囊；有囊轴，无囊托。孢囊孢子球形或椭圆形，无色或有色，表面光滑。接合孢子表面有瘤状突起，由两个同型配子囊配合形成，配囊柄无附属物。注意与根霉的区别。

观察引起果实、蔬菜或蘑菇等腐烂的大毛霉（*M. mucedo*）标本。镜检玻片标本，观察孢囊梗、孢囊孢子的形态特征，注意与根霉的区别（图 3.2）。

彩图请扫码

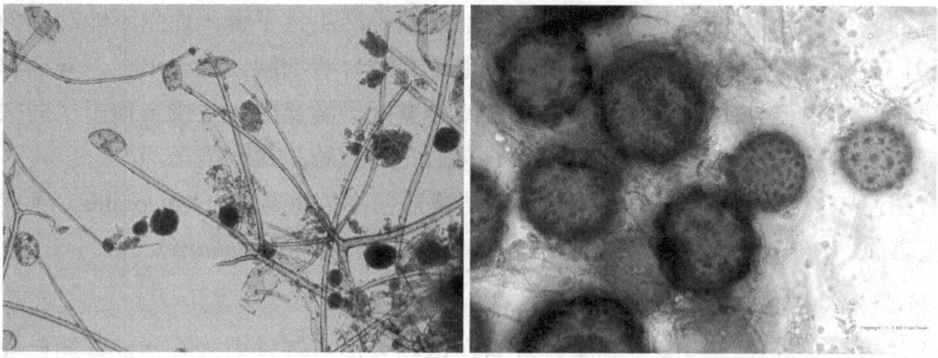

A　　B

图 3.2　毛霉属（*Mucor*）的孢囊梗和孢子囊（A）及接合孢子（B）

3. 笄霉属（*Choanephora*）

有小型孢子囊和大型孢子囊。小型孢子囊成群聚生在孢囊梗顶端膨大的泡囊上，小梗呈笄状，内含 2～5 个孢囊孢子，孢囊孢子暗褐色、卵形或纺锤形、表面有条纹。大型孢子囊着生在不分枝、顶端弯曲下垂的孢囊梗的顶端，具囊轴，内含许多褐色、纺锤形、表面有条纹、两端有毛状附属丝的孢囊孢子。

观察引起瓜类、棉花、茄子等花腐的瓜笄霉（*C. cucurbitarum*）标本。镜检玻片标本，观察孢囊梗、大型和小型孢子囊的形态特征（图 3.3）。

彩图请扫码

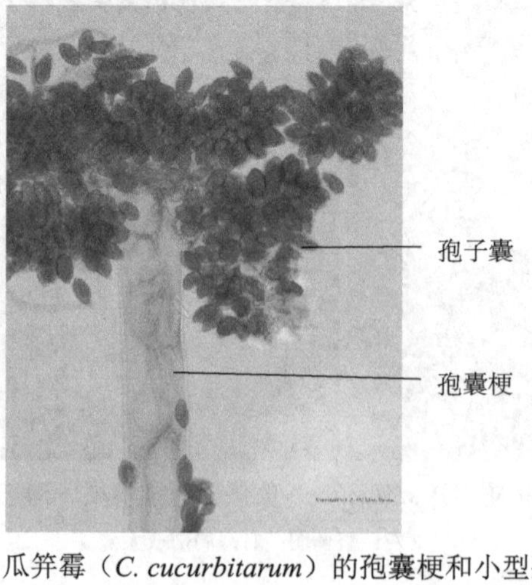

图 3.3　瓜笄霉（*C. cucurbitarum*）的孢囊梗和小型孢子囊

（二）子囊菌门真菌形态特征观察

子囊菌门真菌是数量最多的一类真菌，有腐生的和寄生的。除酵母菌具单细胞外，一般子囊菌都有分枝繁茂的有隔膜的菌丝体。菌丝体常构成各种组织，形成如菌核、子座等营养结构。子囊菌的有性阶段产生子囊和子囊孢子。无性阶段大部分产生分生孢子。根据子囊果的有无、子囊果的形态特征、子囊着生位置、子囊孢子的特征和分子生物学与分析技术相结合将子囊菌门真菌分为3个亚门，即外囊菌亚门（Taphrinomycotina）、盘菌亚门（Pezizomycotina）和酵母菌亚门（Saccharomycotina），植物病原菌主要集中在前2个亚门。子囊菌门所致病害的种类很多，其中许多是重要的经济作物病害，代表性的病害有核果类缩叶病、各种植物的白粉病、甘薯黑斑病、小麦赤霉病、苹果腐烂病、梨黑星病、小麦全蚀病和油菜菌核病等。

1. 外囊菌亚门（Taphrinomycotina）

外囊菌亚门真菌缺少产囊丝和产囊果，子囊直接有菌丝或产囊细胞产生，壁薄，属于原壁子囊。有些成员子囊产生于被称为休眠孢囊或厚垣孢子的厚壁产囊细胞中。外囊菌亚门中与植物病害关系较大的只有外囊菌目（Taphrinales）中的外囊菌属（*Taphrina*）。该属的种具有很广的寄主范围，包括一些重要的经济植物。该属真菌全部是寄生菌，寄生性很强，接近于专性寄生菌，引起瘤状突起、缩叶、囊果和丛枝等畸形症状。

外囊菌属（*Taphrina*）　外囊菌不形成子囊果，子囊由寄主表皮或角质层下的菌丝分化形成，并在寄主叶片的角质层下形成栅栏状排列的子囊层。子囊长圆柱形，上宽下狭，顶端平，无色。子囊基部的空腔称为足胞。子囊内含8个子囊孢子，子囊孢子圆形，无色。

观察桃缩叶病或李囊果病标本，注意桃树叶片的皱缩症状，李果实膨肿变形症状，病部表面是否有灰白色霉层？镜检切片，注意观察桃缩叶病菌（*T. deformans*）或李囊果病菌（*T. Pruni*）裸生的子囊及其内部的子囊孢子以及子囊基部的足胞（图3.4）。

彩图请扫码

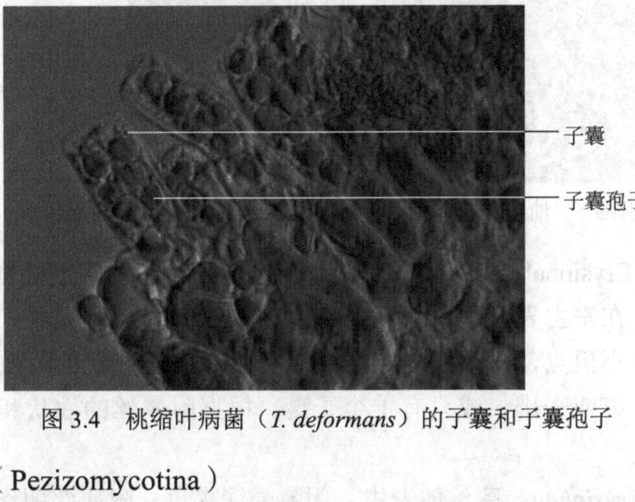

图3.4　桃缩叶病菌（*T. deformans*）的子囊和子囊孢子

2. 盘菌亚门（Pezizomycotina）

盘菌亚门也称子囊菌亚门，绝大多数引起植物重要病害的子囊菌都属于这个亚门。具有产囊体（ascogonium）、产囊丝（ascogenous）和出现在子囊果（ascocarp）中的产囊丝钩（crozier）。子囊果可以是闭囊壳（cleistothecium）、子囊壳（perithecium）、子囊盘（apothecium）或子囊座（ascostroma）。有几个种的子囊果可能缺乏，或仅仅是在性器官周围发育起来的松弛棉絮状的菌丝团围住正在发育的子囊。

锤舌菌纲（Leotiomycetes）中的病原菌主要包括柔膜菌目（Helotiales）和白粉菌目（Erysiphales）。

（1）柔膜菌目（Helotiales）　柔膜菌目的子囊果通常称作子囊盘，子囊盘成熟后形成裸露的子实层，柱形或卵圆形的子囊通常埋生于侧丝之间，子囊孢子能从子囊中强力释放。锤舌菌纲真菌生于土壤、木材、粪便和植物残体上，绝大多数是腐生菌，只有少数是植物寄生菌，有些大型盘菌可食。与植物病害关系密切的有核盘菌科（Sclerotiniaceae）和皮盘菌科（Dermateaceae）。

核盘菌属（*Sclerotinia*）：菌核生在寄主上或寄主的茎、叶内，或由菌丝和寄主组织共同组成的假菌核。子囊盘有柄，从有定形的菌核长出，盘状，有长柄。子囊平行排列，棍棒状到圆筒形，顶端加厚，中央有小孔道，遇碘变蓝。子囊间有永存性的侧丝。子囊孢子椭圆形或纺锤形，单细胞，无色。

彩图请扫码

观察油菜菌核病的病害标本以及油菜菌核病菌（*S. sclerotiorum*）或紫云英菌核病菌（*S. trifoliorum*）的玻片标本，观察子囊盘的形态特征，子囊的排列方式，子囊间的侧丝以及子囊孢子的形态特征（图 3.5）。

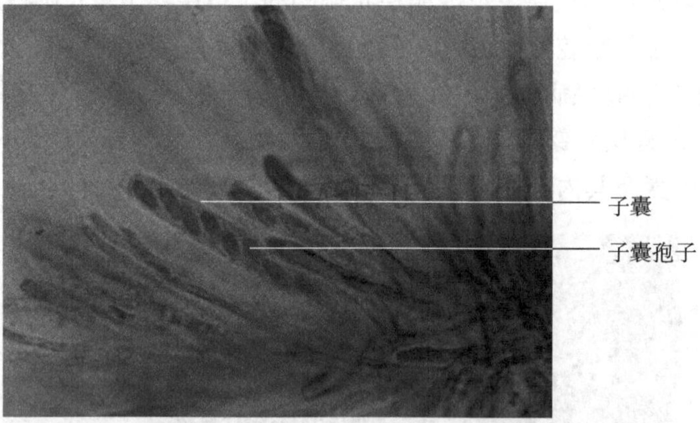

图 3.5　油菜菌核病菌（*S. sclerotiorum*）的子囊和子囊孢子

（2）白粉菌目（Erysiphales）　白粉菌目的成员都是植物的专性寄生菌，引起植物的白粉病。菌丝无色，在寄主表面，一般只在寄主表皮细胞内产生吸器。在生长后期，天气转冷后，在病部产生小黑点，即闭囊壳。闭囊壳上生有各种形状的附属丝，子囊有规则地在子囊果内基部成一束或一排，或只有 1 个子囊。根据附属丝的性状和闭囊壳内子囊的数目进行分类。

1）白粉菌属（*Erysiphe*）：菌丝体表生，闭囊壳深褐色，附属丝菌丝状，不分枝或稍有不规则分枝。闭囊壳内子囊多个，椭圆形或洋梨形，有柄，内含 2～8 个子囊孢子。子囊孢子椭圆形，单孢，无色。

观察烟草、芝麻、向日葵白粉病或大豆白粉病标本，观察病状特点，病部是否有白色粉状物和小黑点？镜检切片，观察烟草、芝麻、向日葵白粉病菌（*E. polygoni*，*E. cichoracearum*）或大豆白粉病菌（*E. glycines*）闭囊壳、附属丝的形态，闭囊壳内子囊、子囊孢子的数目及形态（图 3.6）。

彩图请扫码

2）布氏白粉菌属（*Blumeria*）：该属是从白粉菌属（*Erysiphe*）划出来的一个新属，主要特征是闭囊壳上的菌丝状附属丝发育不良，短菌丝状，闭囊壳内含多个子囊。分生孢子梗基部膨大呈近球形。

观察小麦白粉病或大麦白粉病标本，注意观察病状特点，病部是否有白色粉状物和小黑点？镜检切片，观察小麦白粉病菌（*B. graminis* f. sp. *tritici*）或大麦白粉病菌（*B. graminis* f. sp. *hordei*）闭囊壳、附属丝的形态，闭囊壳内子囊、子囊孢子的数目及形态（图 3.7）。

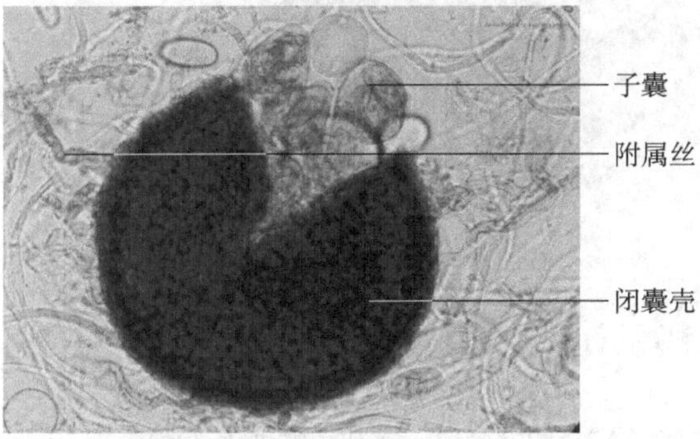

图 3.6　白粉菌属（*Erysiphe*）的闭囊壳、附属丝、子囊

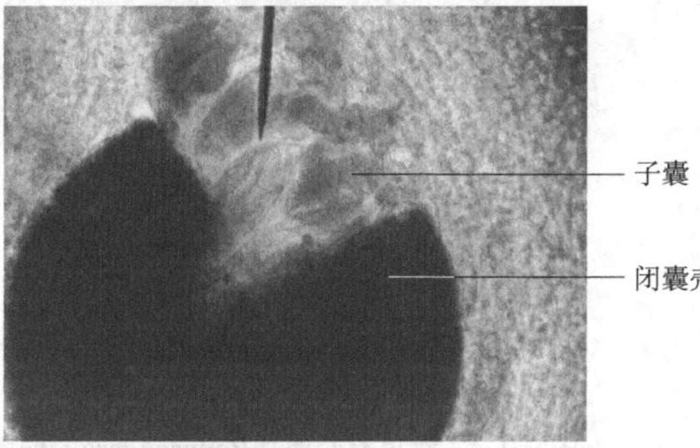

图 3.7　布氏白粉菌属（*Blumeria*）的闭囊壳、子囊

3）单丝壳属/单囊壳属（*Sphaerotheca*）：附属丝菌丝状，常与菌丝纠集。闭囊壳内只有 1 个子囊，子囊孢子 8 个。

观察瓜类白粉病或蔷薇科植物白粉病标本，观察病状特点，病部是否有白色粉状物和小黑点？镜检切片，观察瓜类白粉病菌（*S. fuliginea*）或蔷薇科植物白粉病菌（*S. pannosa*）闭囊壳、附属丝的形态，闭囊壳内子囊、子囊孢子的数目及形态（图 3.8）。

彩图请扫码

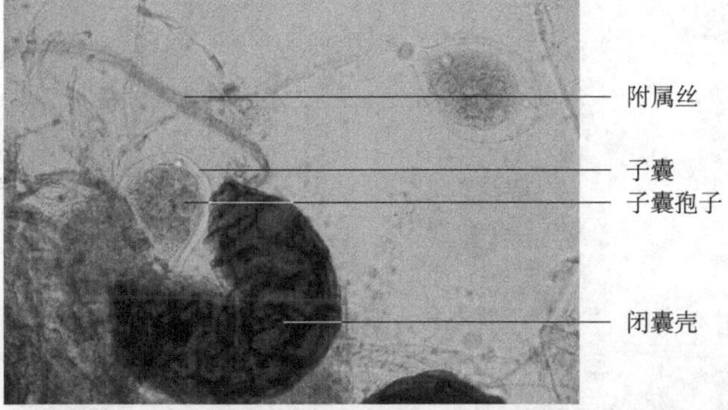

图 3.8　单囊壳属（*Sphaerotheca*）的闭囊壳、附属丝、子囊和子囊孢子

4）叉丝单囊壳属（*Podosphaera*）：附属丝刚直，顶端双叉状分枝，闭囊壳内只含 1 个子囊，子囊孢子 8 个。

彩图请扫码

观察桃白粉病、苹果白粉病或山楂白粉病标本，观察病状特点，病部是否有白色粉状物和小黑点？镜检切片，注意观察桃白粉病菌（*P. tridactyla*）、苹果白粉病菌（*P. leucotricha*）或山楂白粉病菌（*P. oxyacanthae*）闭囊壳、附属丝的形态，闭囊壳内子囊、子囊孢子的数目及形态（图 3.9）。

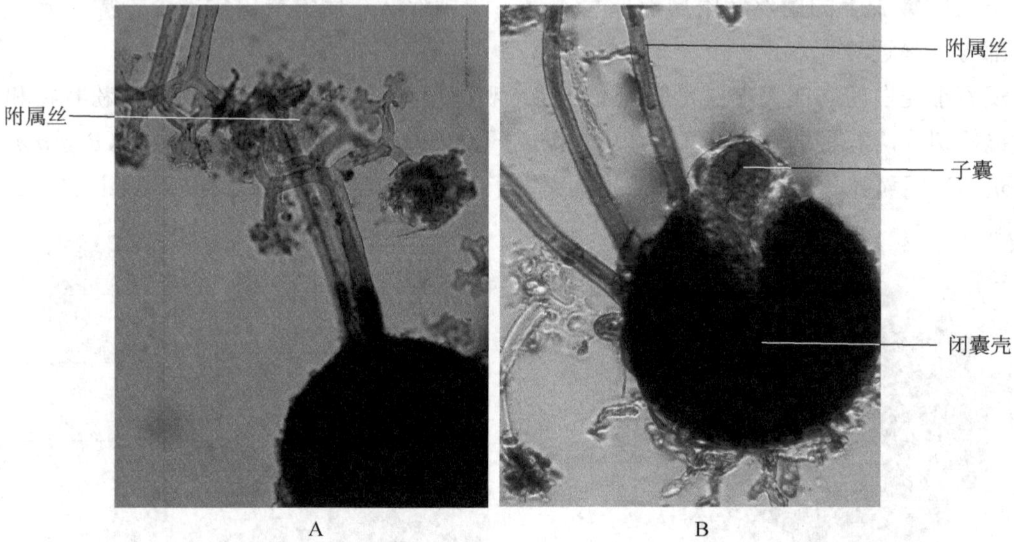

图 3.9 叉丝单囊壳属（*Podosphaera*）的附属丝（A）、闭囊壳、子囊和子囊孢子（B）

5）叉丝壳属（*Microsphaera*）：附属丝刚直，顶端叉状分枝，小分枝顶端常卷曲，闭囊壳内含多个子囊，子囊孢子多数 8 个，少数 4 个。

彩图请扫码

观察板栗白粉病、胡桃白粉病或白栎白粉病标本，注意观察病状特点，病部是否有白色粉状物和小黑点？镜检切片，注意观察板栗白粉病菌（*M. alni*）、胡桃白粉病菌（*M. juglandis*）或白栎白粉病菌（*M. alphitoides*）闭囊壳的形态，附属丝的形状和长短，闭囊壳内子囊的数目及形态，能否看到子囊孢子（图 3.10）？

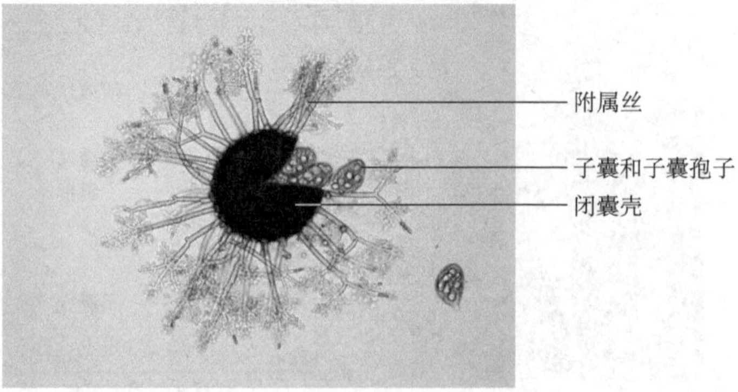

图 3.10 叉丝壳属（*Microsphaera*）的闭囊壳、附属丝、子囊和子囊孢子

（引自 https://projects.ncsu.edu/cals/course/pp318/profiles_mirror/fdh/fdh3.htm）

6）球针壳属（*Phyllactinia*）：长形附属丝在闭囊壳的“赤道”部位上着生，直针形，基部球形膨大。短形附属丝帚状，主干常分叉，有黏质，生在闭囊壳的顶部。闭囊壳内含多个子囊，子囊孢子 2～8 个。

取桑、柿子、核桃、梨白粉病或台湾猕猴桃白粉病标本，注意观察病状特点，病部是否有白色粉状物和小黑点？镜检切片，注意观察桑、柿子、核桃、梨白粉病菌（*P. corylea*）或台湾猕猴桃白粉病菌（*P. actinidiae-formosanae*）闭囊壳的形态，附属丝的形状和长短，闭囊壳内子囊的数目及形态，能否看到子囊孢子（图 3.11）？

彩图请扫码

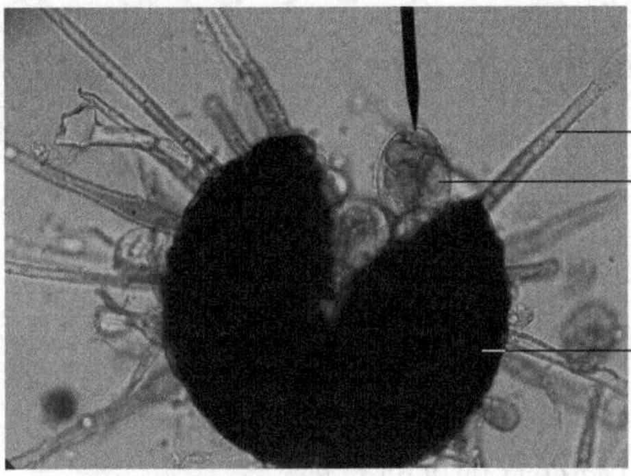

图 3.11　柿子白粉病菌（*P. corylea*）的闭囊壳、附属丝、子囊和子囊孢子

7）钩丝壳属（*Uncinula*）：附属丝细长，不分枝，顶端螺旋状或钩状卷曲，生于闭囊壳的“赤道”带或在其上部或下部。闭囊壳内含多个子囊，子囊孢子 2～8 个。

取朴树白粉病、木蜡树白粉病或葡萄白粉病标本，注意观察病状特点，病部是否有白色粉状物和小黑点？镜检切片，观察朴树白粉病菌（*U. kusanoi*）、木蜡树白粉病菌（*U. verniciferae*）或葡萄白粉病菌（*U. necator*）闭囊壳、附属丝的形态，闭囊壳内子囊、子囊孢子的数目及形态（图 3.12）。

彩图请扫码

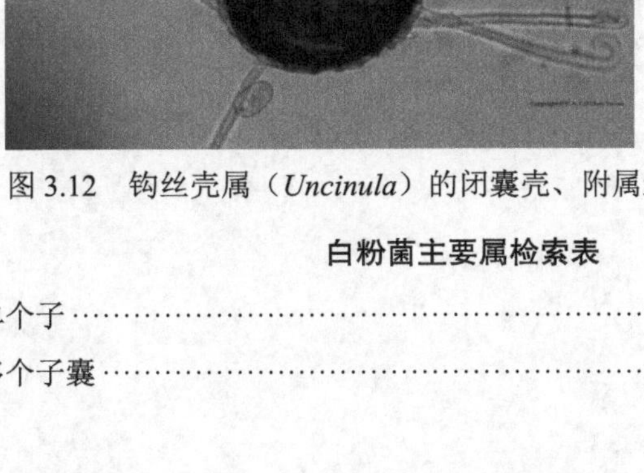

图 3.12　钩丝壳属（*Uncinula*）的闭囊壳、附属丝、子囊和子囊孢子

白粉菌主要属检索表

1. 闭囊壳内单个子……………………………………………………………………………………2

1. 闭囊壳内多个子囊…………………………………………………………………………………3

2. 附属丝菌丝状……………………………………………………………单囊壳属（*Sphaerotheca*）

2. 附属丝刚直，较粗，顶端二叉状重复分枝，分枝末端螺旋状卷曲 …叉丝单囊壳属（*Podosphaera*）

3. 附属丝菌丝状……………………………………………………………………………………4

3. 附属丝非菌丝状…………………………………………………………………………………5

4. 附属丝发育不良，短菌丝状……………………………………………布氏白粉菌属（*Blumeria*）

4. 附属丝较长…………………………………………………………………………白粉菌属（*Erysiphe*）

5. 附属丝刚直，基部球形膨大，顶端尖锐……………………………………球针壳属（*Phyllactinia*）

5. 附属丝基部不膨大……………………………………………………………………………………6

6. 附属丝粗，刚直，顶端二叉状重复分枝，分枝末端卷曲…………………叉丝壳属（*Microsphaera*）

6. 附属丝不分枝，顶端卷曲……………………………………………………………钩丝壳属（*Uncinula*）

四、作业与思考题

（一）作业

描绘各属真菌的形态特征简图并标注各部位的名称。

（二）思考题

1. 结合所学的知识，谈谈什么是同宗配合、异宗配合？什么是同型配子囊、异型配子囊？甘薯软腐病菌（匍枝根霉菌）接合孢子的形成过程。

2. 白粉病为害植物的特点如何？根据镜检的7种白粉菌属各属的形态特征，谈谈白粉菌目的分类依据是什么？

实验四　子囊菌门菌物形态特征及其所致病害观察（二）

一、目的要求

通过本实验了解更多盘菌亚门真菌的形态特征及分类概况，掌握盘菌亚门中与植物病害有关的重要属的形态特征、分类依据及所致主要病害的症状特点，以便为盘菌亚门的分类和病害鉴定打下基础。

二、材料与用具

（一）材料

甘薯黑斑病菌（*Ceratocystis fimbriata*）、小麦赤霉病菌（*Gibberella zeae*）、竹叶筒卷病菌（*Epichloe bambusae*）、黑麦麦角病菌（*Claviceps purpurea*）、柑橘或茶煤烟病菌（*Capnodium citri*、*C. footii*）、李红点病菌（*Polystigma rubrum*）或杏疔病菌（*P. deformans*）、竹叶黑痣病菌（*Phyllachora* spp.）、苹果腐烂病菌（*Valsa mali*）、小麦叶鞘枯萎病菌（*Mycosphaerella tulasnei*）或花生叶斑病菌（*M. arachidicola*）、柑橘煤烟病菌（*Meliola bulleri*）、竹鞘多腔病菌（*Myriangium bambusae*）、葱黑斑病菌（*Pleospora herbarum*）、梨黑星病菌（*Venturia pyrina*）的玻片标本及其所致植物病害的腊叶或液浸标本，多媒体教学课件等。

（二）用具

显微镜、幻灯机、投影仪、计算机及多媒体教学设备。

三、实验内容和方法

（一）座囊菌纲（Dothideomycetes）

座囊菌纲真菌的形态特征是由早期形成的子座构成子囊果（子囊座），在子囊座中形成子囊腔，子囊产生于子囊腔内。子囊具双膜子囊壁，子囊壁的两层可分离，在子囊开裂中具有一定的功能，外壁壁薄，不能伸长，内壁壁厚，可伸长。子囊基部常具有一个被称为足胞或蹄胞的节状结构。其发育的基本特点是产囊体在假薄壁组织的子座中发育。与植物病害关系密切的有多腔菌目（Myriangiales）、煤炱目（Capnodiales）和格孢腔菌目（Pleosporales）。

1. 多腔菌目（Myriangiales）

具有无限生长的子囊座，外壳坚硬。在几个或多个不具孔口的子囊腔中各产生一个子囊。子囊腔散生或排列在子座的可育区域，无囊层组织。子囊腔通过子座包被的破裂或分解而开裂，类似于闭囊壳的开裂方式。子囊球形，子囊孢子椭圆形，一至几个细胞或呈砖格状细胞，通常是非对称的。本目与植物病害关系密切的属有多腔菌科（Myriangiaceae）的多腔菌属（*Myriangium*）和痂囊腔菌科（Elsinoaceae）的痂囊腔菌属（*Elsinoe*）。

彩图请扫码

多腔菌属（*Myriangium*）　子囊座多年生，有明显发育良好的盘状或壳状子囊座基部，但此部分不育。子囊座表生，黑色，炭质，子囊腔不规则地分布在子囊座的上部可育部分。每个子囊腔只含 1 个子囊，子囊球形，含 8 个子囊孢子。子囊孢子多细胞，具纵横隔膜，为砖格状，无色或淡色。

镜检竹鞘多腔病菌（*M. bambusae*）的玻片标本，观察子座、子囊腔的着生位置和子囊孢子的形态特征。

2. 煤炱目（Capnodiales）

菌丝体表生、暗褐色，有的有刚毛，很少生附着枝，在植物表面形成一层“煤烟”。子囊座表生，圆形或长烧瓶形，有柄或无柄。没有缘丝。子囊卵形，在碘液中囊壁显示含淀粉质，子囊在基部成束产生。子囊孢子无色至暗色，常一至多个隔膜。煤炱目的真菌与植物没有寄生关系。菌丝层附生在植物表面，会遮光，阻碍光合作用，影响观赏价值。

（1）煤炱属（*Capnodium*）　菌丝表生，串珠状或融合成菌索状，暗色，子囊座长，有柄，无刚毛，表面光滑，或有菌丝状附属丝。子囊束生，无假侧丝。子囊孢子具纵横隔膜，砖格状，暗色。

彩图请扫码

取柑橘煤烟病或茶叶煤烟病标本，注意观察叶片的颜色以及叶面上的覆盖物。镜检柑橘煤烟病菌（*C. citri*）或茶叶煤烟病菌（*C. footii*）玻片，观察子囊座、子囊孢子的形态特征（图 4.1）。

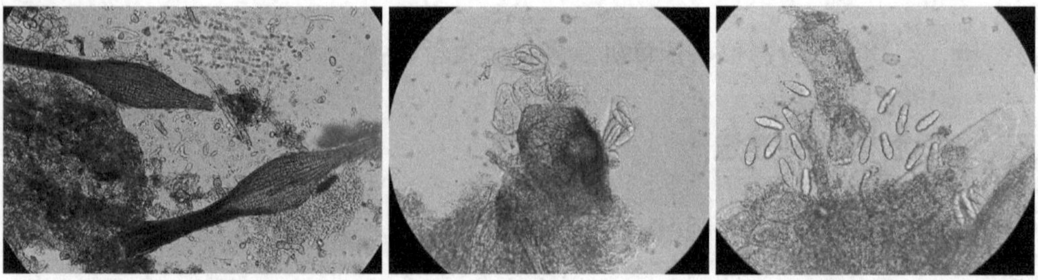

A　　B　　C

图 4.1　煤炱属（*Capnodium*）的子囊腔（A）、子囊（B）和子囊孢子（C）

（2）球腔菌属（*Mycosphaerella*）　子囊座生于叶片表皮层下，黑色、球形或扁球形，有短乳头状孔口。子囊圆柱形至棍棒形，有双层壁，初期束生于子囊座内壁基部，成熟时呈平行排列，无拟侧丝。子囊孢子椭圆形，无色，双细胞，大小相等。

取小麦叶鞘枯萎病、瓜类蔓枯病、豆科植物叶斑病或花生叶斑病标本，注意观察发病部位。镜检小麦叶鞘枯萎病菌（*M. tulasnei*）、瓜类蔓枯病菌（*M. melonis*）、豆科植物叶斑病菌（*M. phaseolicola*）或花生叶斑病菌（*M. arachidicola*）玻片标本，观察子座的着生位置、子囊和子囊孢子的形态特征（图 4.2）。

彩图请扫码

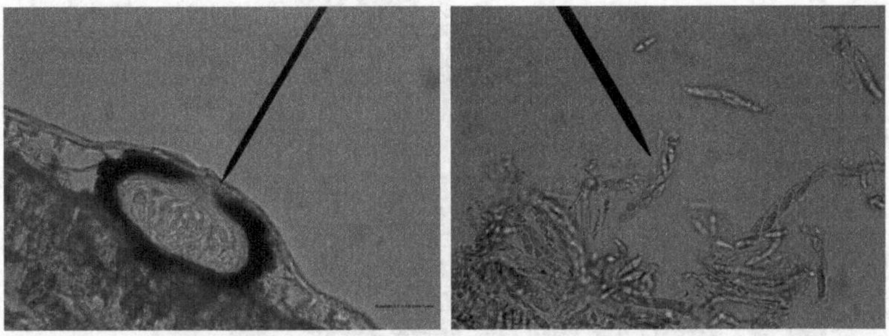

A　　B

图 4.2　球腔菌属（*Mycosphaerella*）的子囊腔（A）、子囊和子囊孢子（B）

3．格孢腔菌目（Pleosporales）

子囊座为假囊壳，含多个子囊腔的垫状子座、盾状囊壳，或少数为闭囊壳状结构。子囊常生于基部，在拟侧丝间发育，并在其间向上生长。拟侧丝起源于子囊果上部，并向下生长，在基部融合。

格孢腔菌目与植物病害关系密切的有格孢腔菌科（Pleosporaceae）的格孢腔菌属（*Pleospora*）和黑星菌科（Venturiaceae）和黑星菌属（*Venturia*）。

（1）格孢腔菌属（*Pleospora*）　子囊腔球形或瓶形，黑色，顶部光滑而无刚毛。子囊棒形至圆柱形，平行排列，子囊之间有明显的拟侧丝。子囊内有子囊孢子 8 个，卵圆形或长圆形，多细胞，有纵横分隔，无色或黄褐色。

观察葱黑斑病菌（*P. herbarum*）的玻片标本，观察子座、子囊和子囊孢子的形态特征（图 4.3）。

彩图请扫码

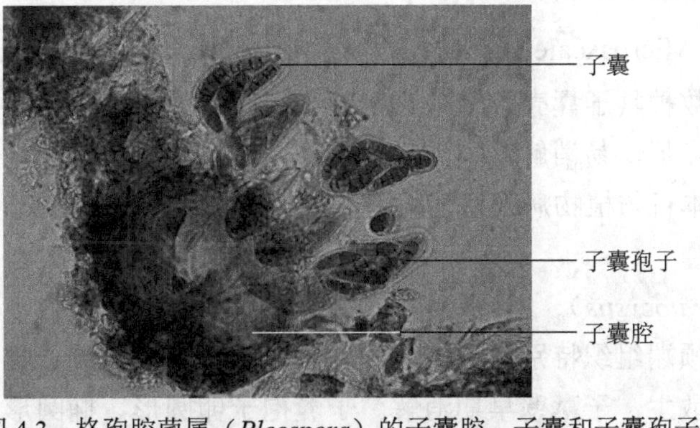

图 4.3　格孢腔菌属（*Pleospora*）的子囊腔、子囊和子囊孢子

（2）黑星菌属（*Venturia*）　子囊座在寄主表面或突破寄主组织而外露，膜质，深褐色，近球形，顶部有乳头状突起，中开孔口，周围有少数刚毛。子囊无柄或有短柄，棍棒形、圆筒形或长卵形。子囊孢子长卵形或椭圆形，偏下方有一横隔（与苹果黑星病菌相反），黄褐色。

彩图请扫码

镜检梨黑星病菌（*V. pyrina*）的玻片标本，观察子座、子囊和子囊孢子的形态特征（图 4.4）。

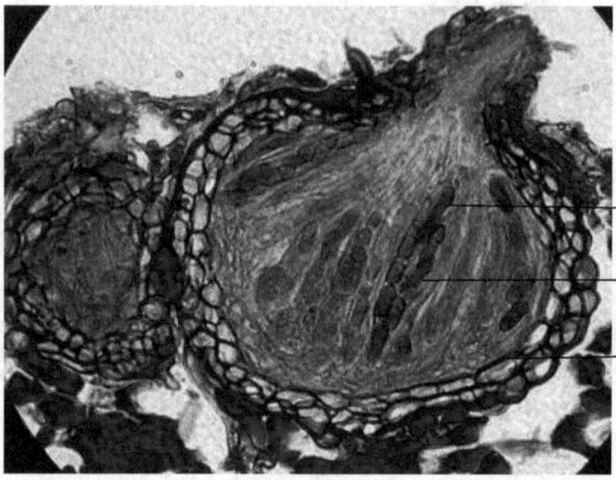

图 4.4　黑星菌属（*Venturia*）的子囊腔、子囊和子囊孢子

（引自 https://botit.botany.wisc.edu/toms_fungi/sep2002.html）

（二）粪壳菌纲（Sordariomycetes）

粪壳菌纲包括具有真正子囊壳，含单壁子囊的子囊菌。真正子囊壁是由产囊体的菌丝发育而成的中空球状体，球内有由子囊和来自器壁细胞的侧丝组成子囊层，顶部组织扩张形成孔口，孔口内有一层缘丝。粪壳菌纲真菌是一类重要的、常见的子囊菌，分布广泛，基物复杂，习性多样，从腐生到非专性寄生、专性寄生都有，引起许多重要病害，如白粉病、甘薯黑斑病、稻瘟病、小麦全蚀病、麦类赤霉病、板栗干枯病等。

粪壳菌纲中与植物病害关系密切的有小煤炱目（Meliolales）、肉座菌目（Hypocreales）、黑痣菌目（Phyllachorales）、间座壳目（Diaporthales）、小囊菌目（Microascales）和大角间座壳目（Magnaporthales）。

1. 小囊菌目（Microascale）

无子座，大多数种具子囊壳，有些具闭囊壳，两种中心体发育的类型显示出两个进化谱系，子囊球形或卵形、易消解，子囊孢子单细胞、被动释放，在科的水平上具有几种不同类型的无性型。本目与植物病害密切关系的属有长喙壳科（Ceratocystidaceae）的长喙壳属（*Ceratocystis*）。

长喙壳属（*Ceratocystis*）　子囊壳瓶状，表生或生于基质内，黑色，顶端有由平行菌丝组成的长颈，颈端组织特别疏松，裂为须状，肉眼观察多数子囊壳丛生呈毛刺状，子囊卵形至长圆形，散生，子囊壁早期消解。子囊孢子卵圆形、椭圆形、肾形、钢盔状。成熟后自孔口释出。无性阶段产生分生孢子或内生的分生孢子，有的还形成厚垣孢子。

镜检甘薯黑斑病菌（*C. fimbriata*）的玻片标本，观察子囊壳、子囊孢子以及厚垣孢子的形态特征（图 4.5）。

彩图请扫码

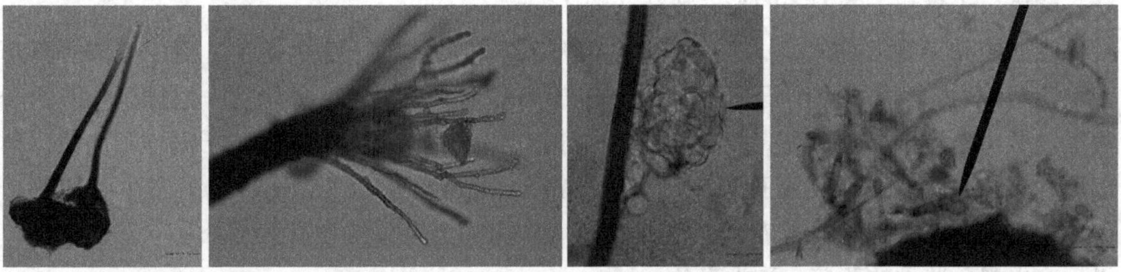

A　B　C　D

图 4.5　长喙壳属（*Ceratocystis*）的子囊壳（A）、喙须（B）、子囊孢子（C）和厚垣孢子（D）

2. 肉座菌目（Hypocreales）

子座淡色至鲜色，肉质；多数种类的子囊果是子囊壳；子囊卵圆形至圆筒形，顶端多少加厚并具一顶生孔；子囊孢子球形至针状，一至多个细胞，某些种断裂成“分孢子”（part spores）；子囊孢子通常强力发射；分生孢子的产孢方式为内生芽殖型，自瓶梗式的分生孢子梗生出。与植物病害密切关系的属有丛赤壳科（Nectriaceae）的赤霉菌属（*Gibberella*）、麦角菌科（Clavicipitaceae）的香柱属（*Epichloe*）和麦角菌属（*Claviceps*）。

（1）赤霉菌属（*Gibberella*）　子座瘤状或垫状，散生。子囊壳群生或单生于子座上或子座的四周，球形到圆锥形，壳壁深蓝色或紫黑色。子囊棍棒形，有柄，其间有顶生侧丝。子囊孢子纺锤形，有 2～3 个分隔，无色。

镜检小麦赤霉病菌（*G. zeae*）的玻片标本，观察子座、子囊壳的形状、颜色、质地及着生状况，以及子囊和子囊孢子的形态特征和排列情况（图 4.6）。

彩图请扫码

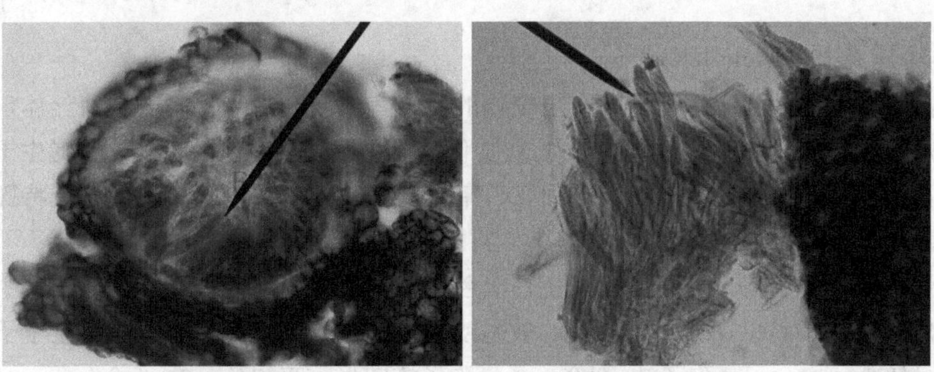

A　B

图 4.6　赤霉菌属（*Gibberella*）的子囊壳（A）、子囊和子囊孢子（B）

（2）香柱属（*Epichloe*）　子座浅色，平铺形，缠在禾本科植物的茎或叶鞘上，形成一个鞘，柔，初为白色后变为金黄色。子囊壳完全埋没于子座中，或有突出的孔口，长卵圆形。子囊细长，单层壁，顶端加厚，具折光性的顶帽；子囊孢子有隔膜，丝状无色，几乎与子囊同长。

镜检竹叶筒卷病菌（*E. bambusae*）的玻片标本，观察子座、子囊壳的着生位置、形状、颜色；子囊和子囊孢子的形态特征（图 4.7）。

彩图请扫码

（3）麦角菌属（*Claviceps*） 麦角菌在禾本科植物的子房内寄生，后期形成香蕉形菌核，紫黑色，内部白色；子座柄细长，头部扁球形，红褐色，外缘有一层排列整齐的子囊壳，孔口略露于外。子囊壳瓶状，开口向外。子囊长圆柱形（细长），子囊孢子线状，单细胞，无色。无性阶段为蜜孢霉属（*Sphacelia*），麦角蜜孢霉（*S. segetum*）寄生于黑麦、大麦、小麦等禾本科植物的花器，引起麦角病，病穗上先分泌含有大量分生孢子的蜜汁，以后产生黑色坚硬的菌核，称为麦角。

镜检黑麦麦角病菌（*C. purpurea*）的玻片标本，观察子座的形状、颜色，子囊壳着生的位置，子囊和子囊孢子的形态特征（图 4.8）。

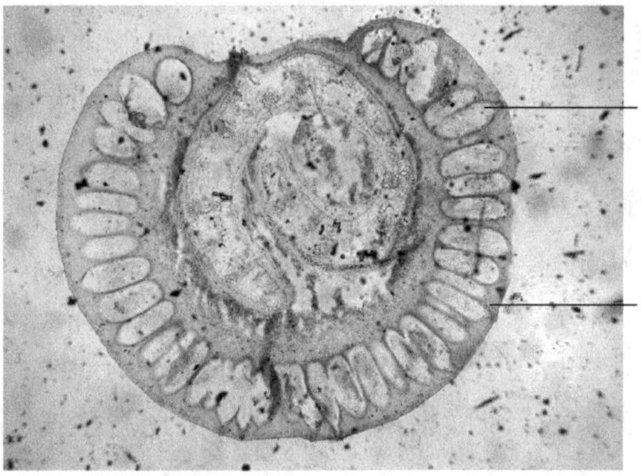

图 4.7　香柱属（*Epichloe*）的子座和子囊壳

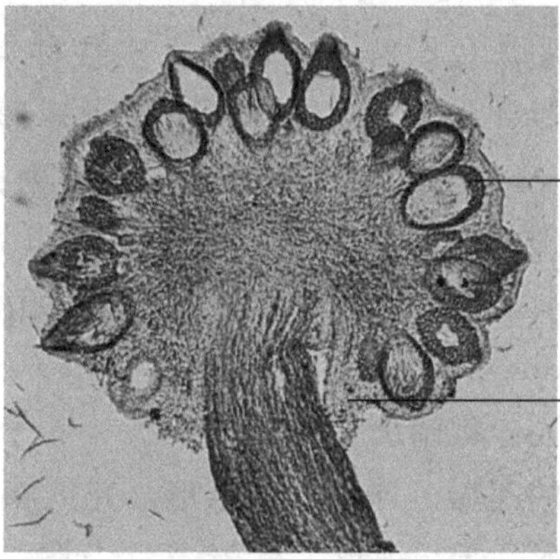

图 4.8　麦角菌属（*Claviceps*）的子座和子囊壳
（引自 http://fungi.myspecies.info/all-fungi/claviceps-purpurea）

3. 小煤炱目（Meliolales）

是高等植物的外部寄生菌，在寄主植物的叶、茎表面产生暗色附着枝菌丝体，形成一层“煤烟”，遮光，阻碍光合作用，影响观赏价值。子囊壳具有一个小孔，子囊生于子囊壳的基部，侧丝自子实层体区域侧向伸出来，暗色、多隔的子囊孢子自单壁、无特殊顶生结构的子囊内强力弹射出来。

小煤炱属（*Meliola*） 菌丝表生，黑色或暗色，生出附着枝及刚毛，在寄主表皮细胞内形成吸器。子囊果球形，不规则的破裂或顶端破裂放出子囊。子囊成束生于子囊果基部，数目较少，内含子囊孢子 2～8 个。子囊孢子椭圆形，暗褐色，2～4 个分隔。

镜检柑橘煤烟病菌（*M. bulleri*）的玻片标本，观察子囊果的形状，子囊和子囊孢子的数目、形态特征（图 4.9）。注意与煤炱属的区别。

彩图请扫码

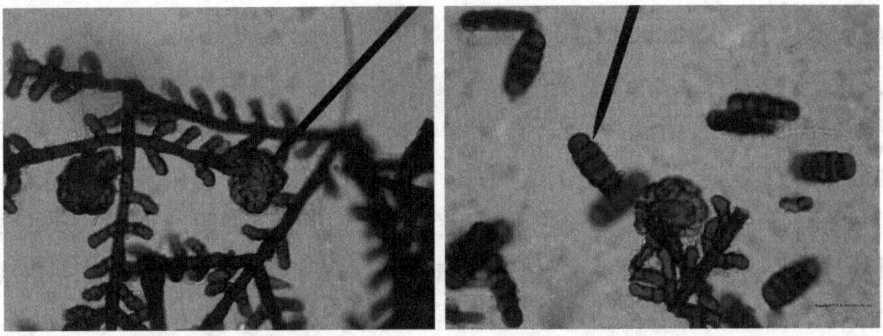

A B

图 4.9 小煤炱属（*Meliola*）附着枝（A）和子囊孢子（B）

4. 黑痣菌目（Phyllachorales）

本目现在的定义包括黑痣菌属（*Phyllachora*）、疔座霉属（*Polystigma*）和小丛壳属（*Glomerella*）。该目的特征为大部分种类具有子囊座，有时具一盾状子座；子囊长形至圆筒形，排列于子囊壳基部或基部周围子囊顶端具一窄环包围的孔；子囊孢子无色或暗色，无芽孔或芽缝，子囊孢子形态各异，包括倒卵圆形、椭圆形及线形，表面具纹饰，有时也具附属丝。窄长的侧丝成熟时融解。本目三个属均与植物病害关系密切，其中小丛壳属的有性阶段不常见，其余两个属均为本目的模式属。

（1）疔座霉属（*Polystigma*） 在叶组织中形成肉质、平铺、红或红褐色子座。子囊壳埋没于子座内，仅露出孔口，子囊壳壁薄，革质，无色。子囊长棍棒形，有 8 个子囊孢子。子囊孢子椭圆形，单细胞，无色。

彩图请扫码

镜检李红点病菌（*P. rubrum*）或杏疔病菌（*P. deformans*）的玻片标本，观察子座的颜色、着生位置，子囊壳着生位置、形态特征，子囊和子囊孢子的形态特征。

（2）黑痣菌属（*Phyllachora*） 在寄主的角质层下或表皮下形成子座，子座组织盾状隆起，呈黑病状，子座在近叶面处一般较为结实，而在叶肉中则有寄主细胞的残余掺杂在内。子囊壳群生在子座内，瓶状，黑色，具孔口。子囊生在子囊壳基部或侧面的内壁上，圆柱形，有侧丝。子囊孢子椭圆形，无色，单细胞。

镜检竹叶黑痣病菌（*Phyllachora* spp.）的玻片标本，观察子座的着生位置、形态特征、质地，子囊壳的着生位置、特点，子囊和子囊孢子的形态特征（图 4.10）。

彩图请扫码

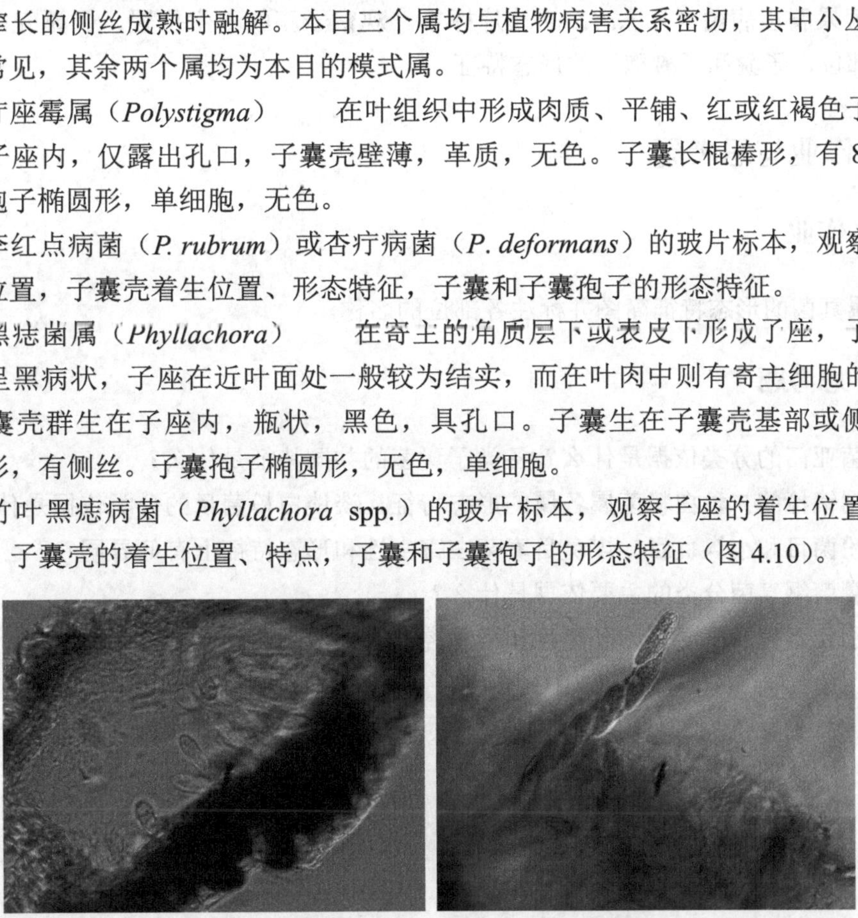

A B

图 4.10 黑痣菌属（*Phyllachora*）子囊壳（A）、子囊和子囊孢子（B）

5. 间座壳目（Diaporthales）

本目的特征是具有子囊壳式子囊果。子囊果埋生于由菌物与基物组织组成的子座内，或直接从基物表面的营养菌丝生出。子囊存留，棍棒状或圆筒状，具顶孔和顶生的折光环。某些种子囊成束生于子囊壳基部或周边，而另一些种的子囊则具柄且与子实层分离，使整个子囊散布于子囊果腔内。子囊孢子无色至褐色，一至多隔。侧丝成熟时易消解。子囊壳孔口具缘丝。子囊间组织的特征是产囊体上下方有拟薄壁组织。但在成熟过程中子囊和侧丝向上生长穿越拟薄壁组织形成子囊壳腔，子实下层的拟薄壁组织仍存留。本目与植物病害关系密切的有黑腐皮壳属（*Valsa*）、间座壳属（*Diaporthe*）、日规壳属（*Gnomonia*）、顶囊壳属（*Gaeumannomyces*）、巨座壳属（*Magnaporthe*）、隐丛赤壳属（*Cryphonectria*），均为重要的植物病原菌。

黑腐皮壳属（*Valsa*）　圆锥形的子座埋没在树皮内，只顶端暴露于外，子座没有暗色边缘。子囊壳生于子座内，3～14 个成群，黑色，圆烧瓶状，有长喙，顶端有孔口，喙伸出在子座表面。子囊长椭圆形或纺锤形，顶部稍厚，含 8 个子囊孢子。子囊孢子单胞，无色，腊肠形。

彩图请扫码

镜检苹果腐烂病菌（*V. mali*）的玻片标本。观察子座的着生位置，子囊壳的形状、颜色，着生部位，子囊和子囊孢子的形态特征。

四、作业与思考题

（一）作业

绘各属真菌的形态特征简图并标注各部位的名称。

（二）思考题

1. 盘菌亚门的分类依据是什么？各类子囊菌的共同特征是什么？
2. 根据镜检的 7 种白粉菌属各属的形态特征，谈谈白粉菌目的分类依据是什么？
3. 白粉菌目和小煤炱目、煤炱目真菌在寄生性和形态特征上有何异同？
4. 座囊菌纲真菌分类的主要依据是什么？
5. 区别闭囊壳、子囊壳、子囊盘和子囊腔；区别顶生侧丝、侧丝和假侧丝。

实验五　担子菌门菌物形态特征及其所致病害观察

担子菌门（Basidiomycota）的菌物通常称为担子菌。担子菌的基本特征是具有微观特化的称为担子的产孢结构，以及外生的有性孢子——担孢子。担子菌的营养体极为发达，一般为有分枝的有隔菌丝，在生活史中可以产生三类菌丝：初生菌丝、次生菌丝和三生菌丝。多数担子菌在双核菌丝上还形成锁状联合。高等担子菌的营养体能组织成结构紧密的大型子实体，如蘑菇。担子菌的无性繁殖除少数种类外，大多数担子菌在自然条件下没有无性繁殖，是通过芽殖、菌丝断裂以及产生分生孢子、节孢子或粉孢子进行的。有性生殖配合方式简单，性结合后从担子上形成外生型的担孢子。只有锈菌产生性器官。

担子菌门的菌物是一类重要的类群，包括有益和有害的种类。进化中低等的种类多为寄生或专性寄生菌，引起许多重要的植物病害，如作物上的黑粉病和锈病。高等担子菌多数为腐生的，亦有一些兼性寄生，还有一些高等担子菌与高等植物的根共生联结成互为有利的外生菌根。许多担子菌是味美和营养丰富且有一定的药用价值的食用菌，如蘑菇、香菇、竹荪、猴头和平菇。

一、目的要求

通过本实验了解担子菌门真菌的形态特征及分类概况，掌握担子菌门中与植物病害有关的重要属的形态特征、分类依据及所致主要病害的症状特点，以便为担子菌的分类和病害鉴定打下基础。

二、材料与用具

（一）材料

禾柄锈菌（*Puccinia graminis*）、梨胶锈菌（*Gymnosporangium haraeanum*）、豇豆单胞锈菌（*Uromyces vignae*）、玫瑰多胞锈菌（*Phragmidium rosaemultifeorae*）、刺李疣双胞锈菌（*Tranzschelia pruni-spinosae*）、亚麻栅锈菌（*Melampsora lini*）、大豆锈病病菌（*Phakopsora pachyrhizi*）或枣锈病病菌（*P. ziziphi-vulgaris*）、柑橘膏药病菌（*Septobasidium albidum*）、

小麦散黑穗病菌（*Ustilago tritici*）、玉米丝黑穗病菌（*Sphacelotheca reiliana*）、高粱长粒黑穗病菌（*Sorosporium ehrenbergii*）、小麦网腥黑穗病菌（*Tilletia caries*）、小麦秆黑粉病菌（*Urocystis tritici*）、水稻叶黑粉病菌（*Entyloma oryzae*）、水稻粒黑穗病菌（*Neovossia horrida*）、慈姑黑粉病菌（*Doassansia opaca*）、坏损外担菌（*Exobasidium vexans*）的玻片标本及所导致的植物病害腊叶标本或液浸标本，多媒体教学课件（包括幻灯片等影像资料）。

（二）用具

显微镜、投影仪、计算机及多媒体教学设备。

三、实验内容和方法

在《菌物词典》第十版中，担子菌门分为柄锈菌亚门（Pucciniomycotina）、黑粉菌亚门（Ustilaginomycotina）和伞菌亚门（Agaricomycotina）以及1个独立纲节担菌纲（Wallemiomycetes）。

（一）柄锈菌亚门（Pucciniomycotina）

柄锈菌亚门中最重要的就是柄锈菌纲（Pucciniomycetes），该纲有柄锈菌目（Pucciniales）、隔担菌目（Septobasidiales）和卷担菌目（Helicobasidiales），其中柄锈菌目的绝大多数种类寄生于维管束植物上，对农作物产量造成很大的影响。本亚门的主要特征是无担子果，担子从冬孢子上产生，不形成子实层，冬孢子成堆或散生在寄主组织内。

1. 柄锈菌目（Pucciniales）

柄锈菌目等同于原来的锈菌目，通称为锈菌，是担子菌门菌物中重要类群之一，全部是植物寄生菌，对许多农作物生产带来很大的损失。本目的特征是冬孢子萌发产生的先菌丝内产生横隔特化为担子。担子有4个细胞，每个细胞上产生1个小梗，小梗上着生无色单胞的担孢子。担孢子释放时可以强力弹射出。锈菌的生活史很复杂，可以产生几种形态学和细胞学性状不同的孢子器和孢子，并有转主寄生现象。锈菌侵染寄主植物所表现的症状多为黄褐色至深褐色的锈斑，大多引起局部侵染，少数为系统侵染。本目与植物病害关系密切的有柄锈菌科（Pucciniaceae）的单胞锈菌属（*Uromyces*）、柄锈菌属（*Puccinia*）、胶锈菌属（*Gymnosporangium*）、多胞锈菌属（*Phragmidium*）、疣双胞锈菌属（*Tranzschelia*）和栅锈菌科（Melampsoraceae）的栅锈菌属（*Melampsora*）、层锈菌属（*Phakopsora*）等。

（1）单胞锈菌属（*Uromyces*）　单胞锈菌属的夏孢子堆生于叶的两面，褐色。夏孢子单细胞，球形、卵圆形或椭圆形，有密刺，黄褐色，有1个发芽孔。冬孢子堆似夏孢子堆，深褐色，冬孢子有柄，单细胞，近球形至椭圆形，顶端有淡褐色乳头状突起，光滑，褐色，萌发形成担子和担孢子。

镜检引起豇豆锈病的豇豆单胞锈菌（*U. vignae*）的玻片标本，观察冬孢子和夏孢子的形态特征及两者的区别（图 5.1）。

彩图请扫码

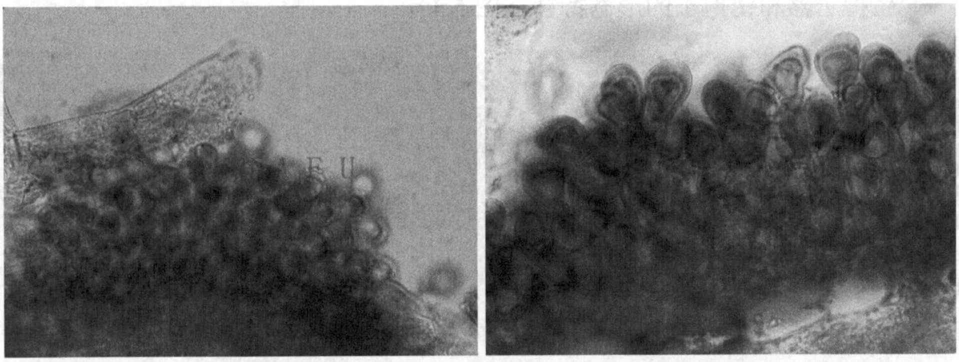

A　　B

图 5.1　单胞锈菌属（*Uromyces*）夏孢子堆（A）和冬孢子堆（B）

（2）柄锈菌属（*Puccinia*）　柄锈菌属的夏孢子堆生于叶的两面或叶鞘、秆和颖片上，长椭圆形，可互相愈合，裸露，边缘有残存的表皮，粉质，橙黄色。夏孢子单生，单细胞，椭圆形，间有卵形或近球形，有刺，有柄黄褐色，有 4 个芽孔，排在赤道带上。冬孢子堆产生在寄主表皮下，大多数会突破表皮，有的不突破表皮。冬孢子有短柄，双细胞，壁厚，顶圆或隆起，遇水不胶化，萌发形成担子和担孢子。

镜检引起小麦秆锈病的禾柄锈菌（*P. graminis*）的玻片标本，观察冬孢子和夏孢子的形态特征及两者的区别（图 5.2）。

彩图请扫码

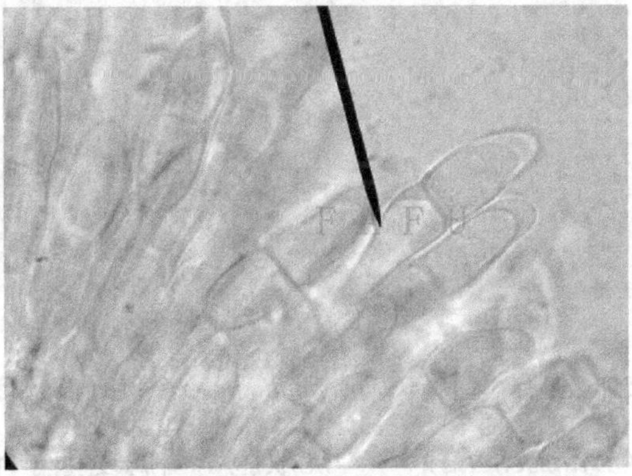

图 5.2　柄锈菌属（*Puccinia*）（冬孢子）

（3）胶锈菌属（*Gymnosporangium*）　胶锈菌属冬孢子堆生于寄主表皮下，突破表皮，红褐色或咖啡色，呈垫状或角状，遇水膨胀胶化，呈黄橙色。冬孢子一般为双细胞，单生于长柄上，壁薄，橙黄色，柄遇水胶化，萌发形成担子和担孢子。担孢子卵形，单胞，淡黄褐色。性孢子器多生于叶面赤褐色斑总的表皮下，先呈黄色，后变为黑色，性孢子椭圆形至纺锤形。锈孢子器生于叶背、叶柄、果实或果梗上。细圆筒形，有包被，包被顶部不规则地裂开，群生于寄主下表皮下，后突破表皮。锈孢子串生，深褐色，球形至椭圆形，表面有刺或小疣。

镜检梨胶锈菌（*G. haraeanum*）的玻片标本，观察冬孢子、担子和担孢子、性孢子器和性孢子、锈孢子器和锈孢子的形态特征（图 5.3）。

彩图请扫码

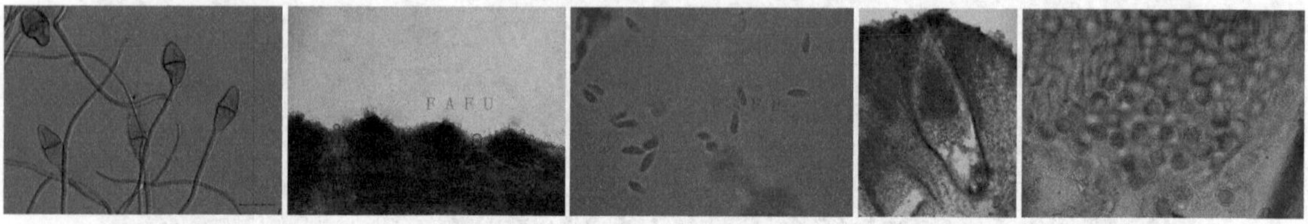

A B C D E

图 5.3 胶锈菌属（*Gymnosporangium*）的冬孢子（A）、性孢子器（B）、性孢子（C）、锈孢子器（D）和锈孢子（E）

（4）多胞锈菌属（*Phragmidium*） 多胞锈菌属冬孢子堆生于叶背，黑色，早期裸露，周围侧丝多，侧丝无色，圆筒形至棍棒形，弯曲。夏孢子球形至广椭圆形，有瘤，黄色。芽孔 6～8 个。冬孢子堆生于叶背，黑色，早期裸露，冬孢子单生，圆筒形，隔膜 4～9 个，深褐色，密生细瘤，顶端有黄褐色的圆锥形突起，具不脱落长柄，上部黄褐色，下部无色，膨大。

镜检玫瑰多胞锈菌（*P. rosaemultifeorae*）的玻片标本，观察冬孢子和夏孢子的形态特征及两者的区别（图 5.4）。

彩图请扫码

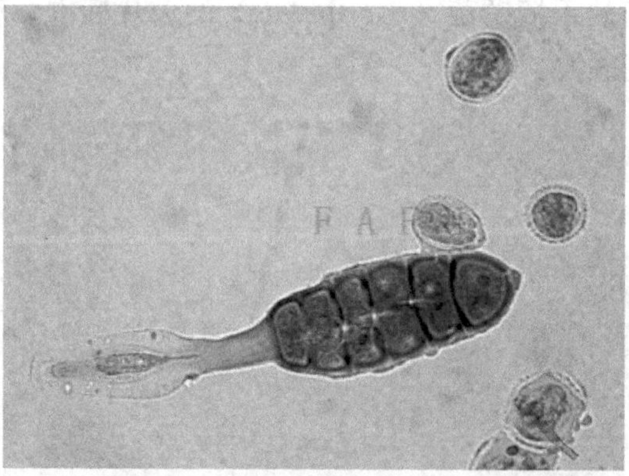

图 5.4 多胞锈菌属（*Phragmidium*）的冬孢子和夏孢子

（5）疣双胞锈菌属（*Tranzschelia*） 疣双胞锈菌属夏孢子堆生于叶背，早期裸露，肉桂色，侧丝很多，头状。夏孢子长卵圆形、长椭圆形至纺锤形，顶端褐黄色，下部色较淡，有刺，芽孔 3～4 个。冬孢子堆散生于叶背，早期裸露，栗褐色。冬孢子长椭圆形、长倒卵圆形，两端圆形，中部缢束明显，易分裂成两个单细胞，密生疣状突起，栗褐色，柄无色，很短，易脱落。

镜检刺李疣双胞锈菌（*T. pruni-spinosae*）的玻片标本，观察冬孢子和夏孢子的形态特征及两者的区别（图 5.5）。

彩图请扫码

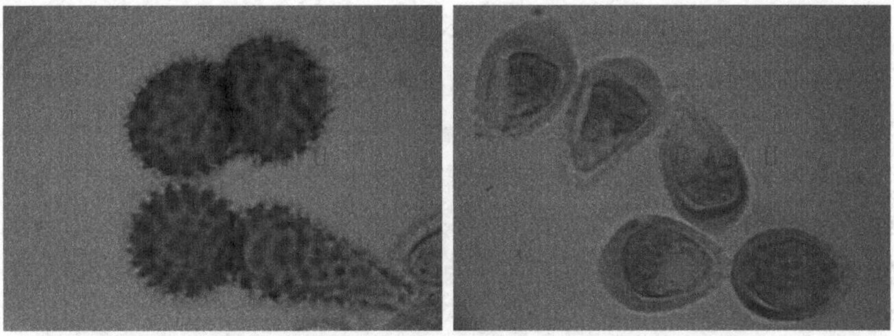

A　　B

图 5.5　疣双胞锈菌属（*Tranzschelia*）的冬孢子（A）和夏孢子（B）

（6）栅锈菌属（*Melampsora*）　栅锈菌属冬孢子堆着生于叶的两面和茎的表皮下。冬孢子无柄，单细胞，紧密排列成单层，初呈红色，后期变黑，萌发形成担子和担孢子。

彩图请扫码

镜检亚麻栅锈菌（*M. lini*）的玻片标本，观察冬孢子的形态特征，排列方式，颜色（图 5.6）。

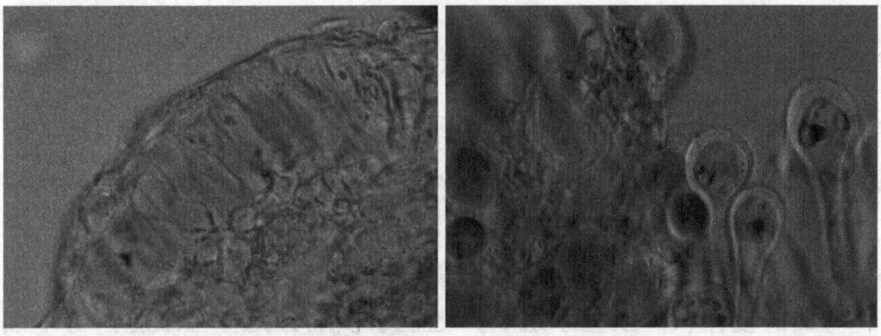

A　　B

图 5.6　栅锈菌属（*Melampsora*）的冬孢了（A）和夏孢子（B）

（7）层锈菌属（*Phakopsora*）　层锈菌属冬孢子堆生于叶背，深红褐色，冬孢子无柄，单细胞，冬孢子紧密排列成 2～6 层，形状变化很大，棍棒形至长椭圆形，黄色到褐色，萌发形成担子和担孢子。

镜检大豆锈病病菌（*P. pachyrhizi*）或枣锈病病菌（*P. ziziphi-vulgaris*）的玻片标本，观察冬孢子的形态特征，排列方式，颜色（图 5.7）。

彩图请扫码

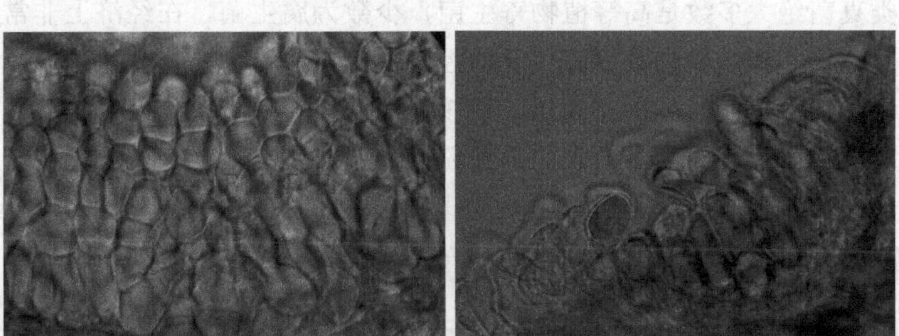

A　　B

图 5.7　层锈菌属（*Phakopsora*）的冬孢子（A）和夏孢子（B）

柄锈菌目菌物主要科及主要属的分类检索表

1. 冬孢子有柄，单细胞或多细胞，单生或寄生，多突破寄主表皮裸生于体外，少数种的冬孢子堆埋生在胶质物中……［柄锈菌科（Pucciniaceae）］2
1. 冬孢子无柄，单细胞，聚集成层状、垫状或柱状，着生在寄主表皮皮层或角质层下，很少单独在叶片细胞内……［栅锈菌科（Melampsoraceae）］6
2. 冬孢子单细胞……单胞锈菌属（*Uromyces*）
2. 冬孢子双细胞或多细胞……3
3. 冬孢子多细胞，排成单行，有长柄，通常下部膨大，易胶化……多胞锈菌属（*Phragmidium*）
3. 冬孢子双细胞……4
4. 冬孢子柄长，遇水胶化，冬孢子壁薄……胶锈菌属（*Gymnosporangium*）
4. 冬孢子柄短，不胶化……5
5. 冬孢子壁厚，两个细胞之间缢缩不深，不易分离……柄锈菌属（*Puccinia*）
5. 冬孢子壁薄，两个细胞之间缢缩很深，易分离……疣双胞锈菌属（*Tranzschelia*）
6. 冬孢子仅侧面密结成单层，多生在寄主表皮下……栅锈菌属（*Melampsora*）
6. 冬孢子上下侧面密结成多层，冬孢子堆凸镜状，埋生在寄主表皮下层……层锈菌属（*Phakopsora*）

2. 隔担菌目（Septobasidiales）

本目与植物病害关系密切的有隔担菌科（Septobasidiaceae）的隔担菌属（*Septobasidium*）。

隔担菌属菌丝最初无色，后变为灰褐色或黑褐色，覆盖在基物表面。菌丝层组织紧密，蜡质或革质，形成膏药状皮壳，子实层灰色或褐色，担子从菌丝顶端产生，由无色球状的下担子和弯曲的棍棒状的上担子组成。上担子横隔分为4个细胞，每个细胞侧生一刺状小梗，小梗顶端着生担孢子，担孢子无色，单细胞，两端圆，表面光滑。

镜检柑橘膏药病菌（*S. albidum*）的玻片标本，观察担子（上担子和下担子）和担孢子的形态特征。

（二）黑粉菌亚门（Ustilaginomycotina）

1. 黑粉菌类真菌

黑粉菌类真菌绝大多数是高等植物寄生菌，少数为腐生菌，在经济上非常重要，每年造成重要粮食作物和观赏植物数百万美元的经济损失。黑粉菌的特征是形成成堆的黑色粉状的冬孢子堆，冬孢子萌发产生先菌丝，双核体细胞核转入先菌丝内，经减数分裂后，单倍体的担孢子直接产生在先菌丝的表面。黑粉菌并不产生小梗，担孢子也不会强力弹射。无性繁殖可产生分生孢子或芽孢子。与植物病害关系密切的属有黑粉菌属（*Ustilago*）、轴黑粉菌属（*Sphacelotheca*）、腥黑粉菌属（*Tilletia*）、团黑粉菌属（*Sorosporium*）、尾孢黑粉菌属（*Neovossia*）、叶黑粉菌属（*Entyloma*）、条黑粉菌属（*Urocystis*）和实球黑粉菌属（*Doassansia*）等。

（1）黑粉菌属（*Ustilago*）　黑粉菌属冬孢子堆可产生在寄主各个部位，常在花器，成熟后呈粉状，多数黑褐色到黑色，少数种色浅，如黄色、紫色等，外无假膜。冬孢子散生，单细胞，小到中等大小，表面光滑或有纹饰。萌发时产生有隔的担子（先菌丝），由2～4个细胞组成，每细胞侧生或顶生1个担孢子。有些种冬孢子萌发直接产生芽管而不形成担孢子。

镜检小麦散黑穗病菌（*U. tritici*）的玻片标本，观察冬孢子及冬孢子萌发的特点（图5.8）。

彩图请扫码

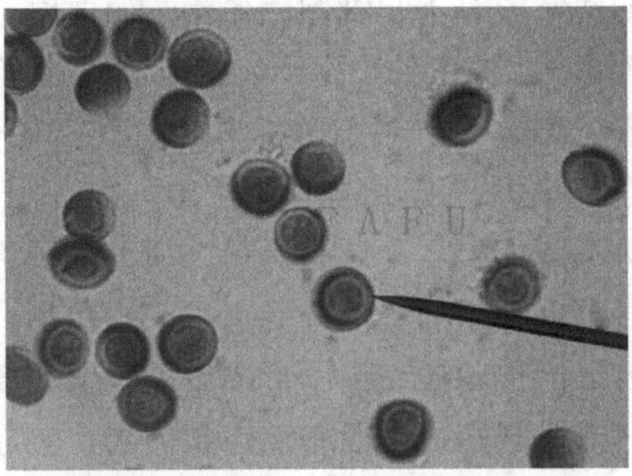

图5.8　黑粉菌属（*Ustilago*）（冬孢子）

（2）轴黑粉菌属（*Sphacelotheca*）　轴黑粉菌属冬孢子堆生于寄主各部，以花器部分为多，团粒状或粉状，初期有菌丝形成的假膜包围着，成熟后假膜分离成团状或链状的不孕细胞，不孕细胞球形、椭圆形或圆柱形，无色或淡色。冬孢子散生，单细胞，孢子堆中有一由寄主残余组织所形成的中轴。冬孢子萌发方式与黑粉菌属相同。

镜检高粱或玉米丝黑穗病菌（*S. reiliana*）的玻片标本，观察冬孢子和冬孢子萌发的特点（图5.9）。

彩图请扫码

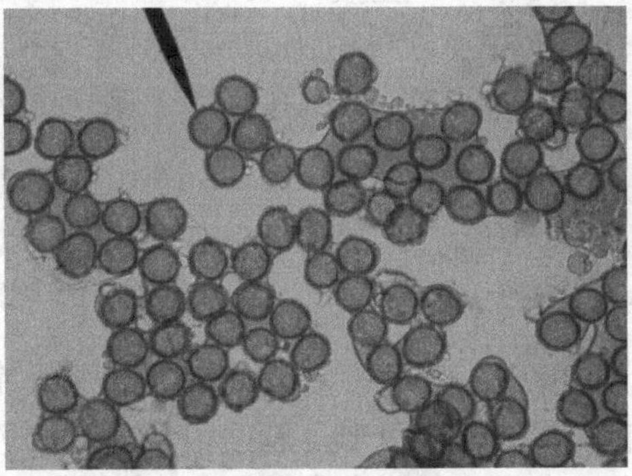

图5.9　玉米丝黑穗病菌（*S. reiliana*）（冬孢子）

（3）团黑粉菌属（*Sorosporium*）　团黑粉菌属冬孢子堆多寄生于植物花部，破坏整个花序。冬孢子堆褐色至黑色，长圆形而两端稍尖，常弯曲，初期被以浅色薄膜，成熟后膜破裂露出颗粒状的孢子团，孢子团附着于碎裂的寄主组织上，近球形至长圆形，孢子球形或卵形，极易分散，无不孕细胞，萌发时产生先菌丝，侧生担子，或直接形成芽管。本属的孢子球易分散，易与黑粉菌属（*Ustilago*）相混，须检查尚未成熟的孢子球才能确定，

彩图请扫码

同时孢子球中间部分的孢子，由于挤压而成多角形。

镜检高粱长粒黑穗病菌（*S. ehrenbergii*）的玻片标本，观察冬孢子组成的孢子球，孢子堆外是否有膜包围？

（4）腥黑粉菌属（*Tilletia*）　腥黑粉菌属冬孢子堆多数产生于寄主子房内，也有少数产生于寄主营养器官上，成熟后呈粉状或带胶合状，常有恶腥气味。冬孢子单生于产孢菌丝的中间细胞或顶端细胞内，外围有无色或淡色的胶质鞘，大小中等，表面常有网状或刺状突起，少数种光滑，期间常混有不孕细胞。冬孢子萌发时产生无隔膜的初菌丝，通常在产生小孢子时形成膜，顶端产生成束的小孢子（担孢子），担孢子常可成“H”形结合。

镜检小麦网腥黑穗病菌（*T. caries*）的玻片标本，观察冬孢子的形态特征，初菌丝和担孢子的形态特点，担孢子是否有“H”形结合（图 5.10）？

彩图请扫码

（5）尾孢黑粉菌属（*Neovossia*）　尾孢黑粉菌属冬孢子堆生于寄主子房内，为颖壳所包被，破坏部分小穗，甚至仅种子的一部分受害，产生黑粉，半黏结至粉末状。冬孢子单生于产孢菌丝末端细胞内，产孢菌丝在孢子形成后，残留在冬孢子外围并形成一柄状附属物。冬孢子球形，广卵形或椭圆形，表面布满齿状突起，突起无色或几乎无色，顶端尖而基部呈多角形，略弯曲。担孢子线状，无色，无隔膜，多个但彼此不结合，次生小孢子腊肠状。

镜检水稻粒黑穗病菌（*N. horrida*）的玻片标本，观察冬孢子的形态特点，冬孢子表面是否有柄状附属物（图 5.11）？

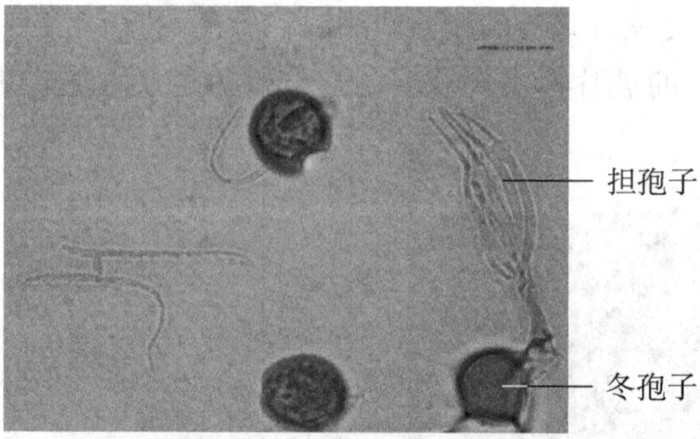

图 5.10　腥黑粉菌属（*Tilletia*）的冬孢子和担孢子

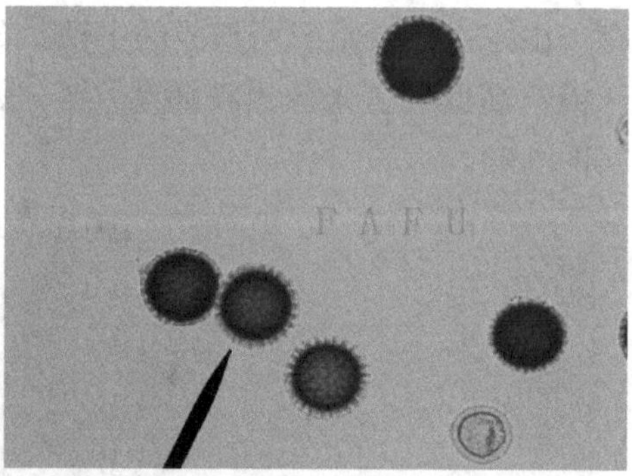
图 5.11　尾孢黑粉菌属（*Neovossia*）

（6）叶黑粉菌属（*Entyloma*）　叶黑粉菌属冬孢子堆生于叶的两面，圆形至长条形，铅黑色，始终埋生在表皮下。冬孢子多角形，胶结很紧，暗褐色，壁平滑。担孢子顶生于担子上，纺锤形或倒棍棒形。

镜检水稻叶黑粉病菌（*E. oryzae*）的玻片标本，观察堆生在叶组织中的冬孢子堆，冬孢子的形态特点（图 5.12）。

彩图请扫码

（7）条黑粉菌属（*Urocystis*）　条黑粉菌属冬孢子堆生于叶、叶鞘及秆的表皮下，形成条纹，初覆盖在表皮下，铅黑色，成熟后常破裂，露出黑色粉末。孢子球圆形至椭圆形，由 1～3 个孢子组成，偶有 4 个，外面有一层不孕细胞层包围，不孕细胞几乎无色至淡褐色，近球形至椭圆形。冬孢子圆形至卵圆形，壁平滑。

镜检小麦秆黑粉病菌（*U. tritici*）的玻片标本，观察冬孢子形成的孢子球和不孕细胞（图 5.13）。

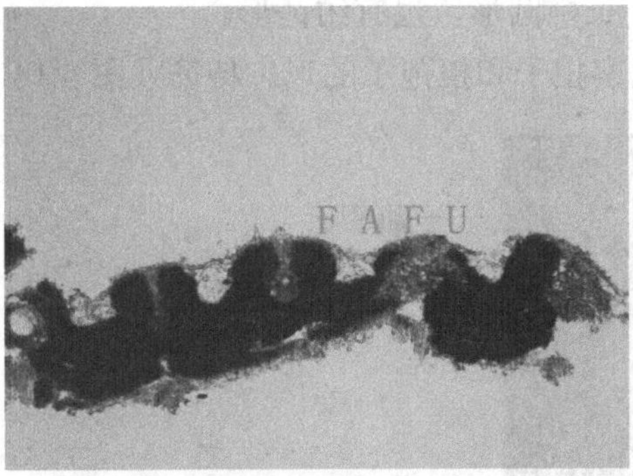

图 5.12　叶黑粉菌属（*Entyloma*）

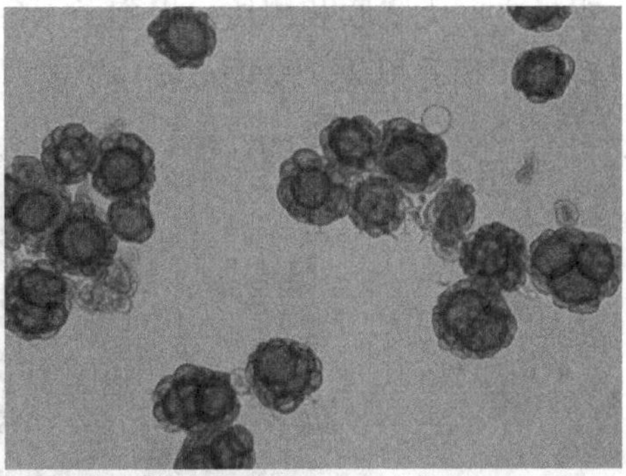

图 5.13　条黑粉菌属（*Urocystis*）

（8）实球黑粉菌属（*Doassansia*）　实球黑粉菌属冬孢子堆着生于寄主叶上或其他营养器官上，偶尔也着生于寄主子房内，并长期埋藏在寄主组织内。很多冬孢子集结成大型的孢子球，坚实，孢子球外包围着一层不孕细胞。冬孢子淡黄色或无色，中等大小，壁薄，球形至多角形，萌发时产生担子（先菌丝），顶生一丛担孢子。

彩图请扫码

镜检慈姑黑粉病菌（*D. opaca*）的玻片标本，观察冬孢子形成的孢子球和不孕细胞。

黑粉菌类真菌主要属的分类检索表

1. 冬孢子彼此分离，单生……………………………………………………………………………2
1. 冬孢子集结成孢子球………………………………………………………………………………5
2. 孢子堆成熟时呈粉状，容易从寄主体散出黑粉…………………………………………………3
2. 孢子堆成熟时不呈粉状，埋于寄主的叶或茎内。孢子埋于寄主内部的小型或中等大小的腔内，色淡……………………………………………………………………叶黑粉菌属（*Entyloma*）
3. 孢子堆周围没有膜包围……………………………………………………………………………4
3. 初期孢子堆周围有由菌丝构成的假膜，成熟后假膜分离成不孕细胞，中间残存寄主组织形成的中轴…………………………………………………………………轴黑粉菌属（*Sphacelotheca*）
4. 冬孢子较小，萌发时产生有横隔的担子，侧生担孢子…………………………黑粉菌属（*Ustilago*）
4. 冬孢子中等大，萌发时产生无隔膜的担子，顶生担孢子。担孢子数目少，常成“H”形结合…………………………………………………………………………………………腥黑粉菌属（*Tilletia*）
4. 冬孢子较大，表面留有产孢壁的残余，形成一柄状附属物。担孢子数目多，彼此不结合……………………………………………………………………………………尾孢黑粉菌属（*Neovossia*）
5. 孢子球结合很松，稍加压就会分散，外围无不孕细胞层………………团黑粉菌属（*Sorosporium*）
5. 冬孢子堆成熟时露出，呈粉状，孢子球内的孢子数目不多，外层为明显的不孕细胞，中间细胞可萌发。寄生于茎、叶……………………………………………………………条黑粉菌属（*Urocystis*）
5. 冬孢子堆不呈粉状，埋藏在寄主组织内，孢子球外围有不孕细胞层…实球黑粉菌属（*Doassansia*）

2. 外担菌纲（Exobasidiomycetes）

外担菌属（*Exobasidium*）　菌丝寄生在寄主细胞间，担子单个或成丛从表皮细胞间产生，最后突破角质层，在表面形成一层担子层。担子圆筒形或棍棒形，顶生 2～4 个小梗，担子之间无隔膜和侧丝。担孢子无色，肾形、长椭圆形，也有纺锤形。

镜检坏损外担菌（*E. vexans*）的玻片标本，观察担子和担孢子的形态特征（图 5.14）。

彩图请扫码

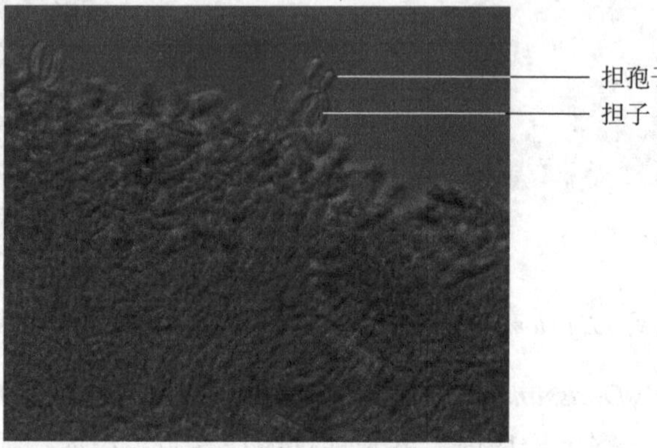

图 5.14　外担菌属（*Exobasidium*）的担子和担孢子

（三）其他担子菌门菌物

观察银耳属（*Tremella*）、木耳属（*Auricularia*）、花耳属（*Dacryomyces*）、多孔菌属（*Polyporus*）、灵芝属（*Ganoderma*）、猴头菌属（*Hericium*）、鸡油菌属（*Cantharellus*）等的子实层和子实体，伞菌目（Agaricales）、鬼笔目（Phallales）、马勃目（Lycoperdales）、鸟巢菌目（Nidulariales）、皮马勃目（Sclerodermatales）等的子实体。

四、作业与思考题

（一）作业

1. 绘各代表属的冬孢子及其萌发状态（如有），并注明各部位的名称。
2. 绘各代表属的子实层、担子和担孢子形态特征简图并注明各部位的名称。

（二）思考题

1. 柄锈菌目和黑粉菌目之间有何异同点？
2. 在《菌物词典》第十版中，担子菌门的分纲依据是什么？与 Ainsworth 分类系统相比，有何不同？

实验六　无性态菌物形态特征及其所致病害观察（一）

无性态菌物是由于自然条件下其有性阶段很少见而难以被发现，有的由于缺乏性亲和的相对交配型，有的则可能完全丧失有性生殖能力。它在自然界中分布很广，且种类繁多，约占全部已知真菌的30%。无性态菌物中有许多是重要的植物病原菌，有的是重要的工业真菌和医药真菌，有的可用于植物病、虫、草害的生物防治。由无性态菌物引起的病害很多，主要产生斑点、腐烂和萎蔫等症状。例如，水稻纹枯病、稻瘟病、花生褐斑病、十字花科蔬菜黑斑病、柑橘青霉病、黄瓜立枯病、棉花黄萎病、玉米大（小）斑病、玉米赤霉病、大麦条纹病、苹果和梨的黑星病、葡萄褐斑病等。

无性态菌物的无性繁殖大多十分发达，主要以芽殖和断裂的方式产生分生孢子，少数无形态菌物不产生任何孢子，而只有菌丝和菌核两种形态，所以无性阶段的形态结构就成为分类的重要依据。无性态菌物的分类主要是根据无性阶段（分生孢子阶段）的形态特征，其分类单元（纲、目等）的性质属于“式样性”的，并不反映系统发育关系。根据其载孢体，将无性态菌物分为六类，第一类不产生分生孢子，菌丝体发达形成菌核，在Ainsworth（1973）的分类系统中属半知菌的无孢目（Agonomycetales）；第二类分生孢子不着生于孢子器或孢子盘内，只产生于分散或丛生的分生孢子梗上，在Ainsworth（1973）的分类系统中属半知菌的丝孢目（Hyphomycetales）；第三类分生孢子梗聚集形成孢梗束，在Ainsworth（1973）的分类系统中属半知菌的束梗孢目（Stilbellales）；第四类分生孢子着生于分生孢子座上，在Ainsworth（1973）的分类系统中属半知菌的瘤座孢目（Tuberculariales）；第五类分生孢子着生于分生孢子器内，在Ainsworth（1973）的分类系统中属半知菌的球壳孢目（Sphaeropsidales）；第六类分生孢子着生于分生孢子盘内，在Ainsworth（1973）的分类系统中属半知菌的黑盘孢目（Melanconiales）。

一、目的要求

通过对无性态菌物中第一类至第四类代表菌的观察，基本识别其形态特征，了解无性态菌物的分类依据，为无性态菌物所引致病害的鉴定打下初步基础。

二、材料与用具

（一）材料

水稻纹枯病菌（*Rhizoctonia solani*）、甘薯白绢病菌（*Sclerotium rolfsii*）、稻瘟病菌（*Pyricularia grisea*）、各类作物的白粉病菌（*Oidium* sp.）、米曲霉菌（*Aspergillus oryzae*）、桃褐腐病菌（*Monilia laxa*）、花生褐斑病菌（*Cercospora personata*）、梨黑星病菌（*Fusicladium virescens*）、白菜黑斑病菌（*Alternaria brassicae*）、棉花黄萎病菌（*Verticillium dahliae*）、水稻胡麻斑病菌（*Bipolaris oryzae*）、柑橘青霉病菌（*Penicillium italicum*）、葡萄褐斑病菌（*Phaeoisariopsis vitis*）、小麦赤霉病菌（*Fusarium graminearum*）等的玻片标本及其所导致的病害腊叶、液浸标本或采集的新鲜标本，多媒体教学课件及影像资料等。

（二）用具

显微镜、擦镜纸、装有浮载剂的滴瓶、挑针、刀片、小垫板、载玻片、盖玻片、小纱布、多媒体教学设备。

三、实验内容和方法

（一）第一类：除产生厚垣孢子外，不产生任何其他孢子——无孢目（Agonomycetales）

1. 丝核菌属（*Rhizoctonia*）

菌丝无色至褐色，近分枝处形成分隔，呈缢缩状，菌丝多为直角分枝。菌核褐色或黑色，内外颜色一致，形状各别，较小，疏松，着生在菌丝中，与菌丝体相连。

彩图请扫码

观察水稻纹枯病菌（*R. solani*）的菌丝形态（图 6.1）。

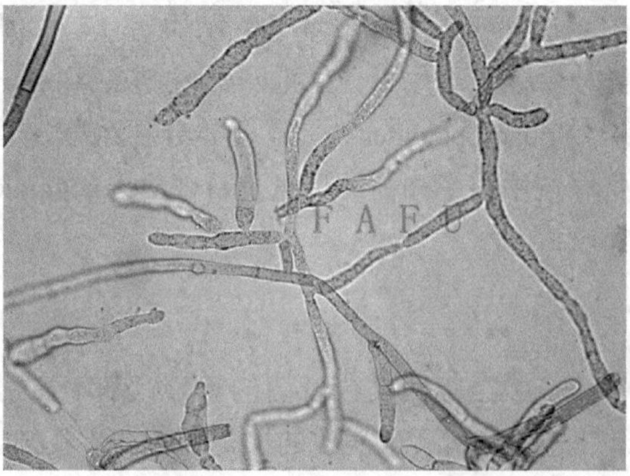

图 6.1　丝核菌属（*Rhizoctonia*）（菌丝）

2. 小核菌属（*Sclerotium*）

菌丝无色或浅色。菌核圆形或长圆形，表面暗色，中心无色，外层分化不明显，菌核间无菌丝相连。

观察甘薯白绢病菌（*S. rolfsii*）的菌丝形态。

（二）第二类：分生孢子梗散生、丛生——丝孢目（Hyphomycetales）

1. 梨孢属（*Pyricularia*）

分生孢子梗细长，无色，很少分枝，有隔膜，单生或簇生；分生孢子梨形，下端较宽，无色，有2～3个细胞。

取保湿培养的发生稻瘟病的小枝梗或病穗茎，挑取病部灰绿色霉层，镜检，观察稻瘟病菌（*P. grisea*）分生孢子梗和分生孢子的形态（图6.2）。

彩图请扫码

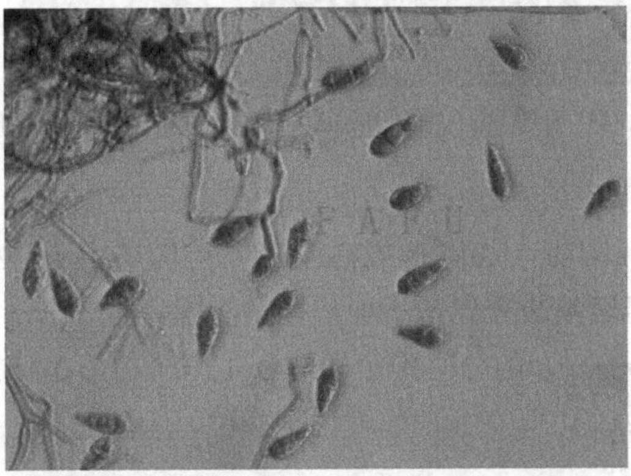

图6.2　梨孢属（*Pyricularia*）的分生孢子

2. 粉孢属（*Oidium*）

引起植物白粉病。菌丝生于寄主表面，白色。分生孢子梗短小无分隔，分生孢子短圆柱形、单胞、无色、串生，由上而下依次成熟。

观察小麦白粉病的标本，注意叶片表面上白色粉状物，挑取少许粉状物制片镜检观察，观察小麦白粉病菌（*O. moniliodes*）的分生孢子梗和分生孢子（图6.3）。

彩图请扫码

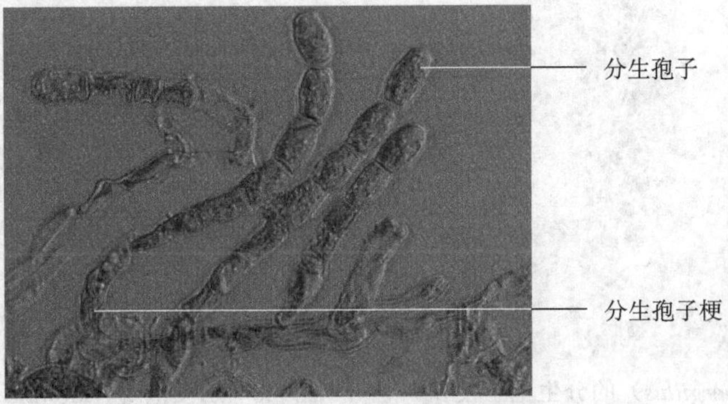

图6.3　粉孢属（*Oidium*）的分生孢子梗和分生孢子

3. 青霉属（*Penicillium*）

分生孢子梗无色，单生，少数集聚成孢梗束，直立，顶端形成一至多次帚状分枝，分枝顶端形成多数产孢细胞，上面产生成串、自上而下依次成熟的分生孢子。分生孢子圆形或卵圆形，无色。

彩图请扫码

柑橘青霉病菌（*P. italicum*）是柑橘贮藏和运输期中的重要病原菌。观察柑橘青霉病的果腐症状和青霉菌分生孢子梗及孢子，注意观察分生孢子梗顶端的形态特征（图 6.4）。

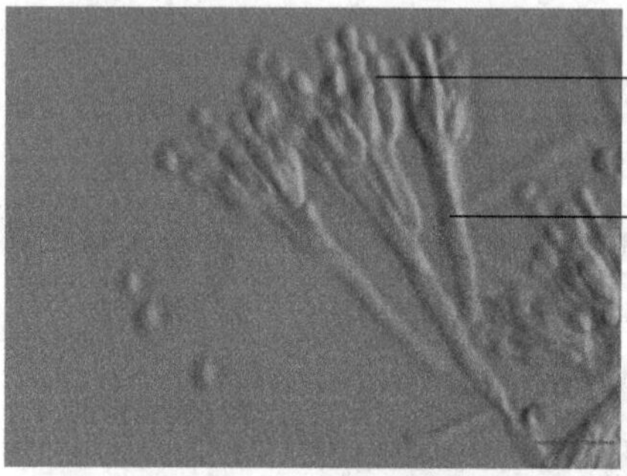

图 6.4　青霉属（*Penicillium*）的分生孢子梗和分生孢子

4. 曲霉属（*Aspergillus*）

分生孢子梗直立，顶端膨大成圆形或椭圆形，上面着生 1～2 层放射状分布的瓶状小梗，内生芽殖型分生孢子聚集在分生孢子梗顶端呈头状。

彩图请扫码

观察米曲霉菌（*A. oryzae*）的分生孢子梗与分生孢子的形态特征（图 6.5）。

5. 丛梗孢属（*Monilia*）

分生孢子梗二叉状或不规则分枝，无色。芽生串孢型的分生孢子椭圆形至长椭圆形，单细胞，孢子链呈念珠状。

观察桃褐腐病的标本，镜检桃褐腐病菌（*M. laxa*），观察其分生孢子梗和分生孢子的形态特征（图 6.6）。

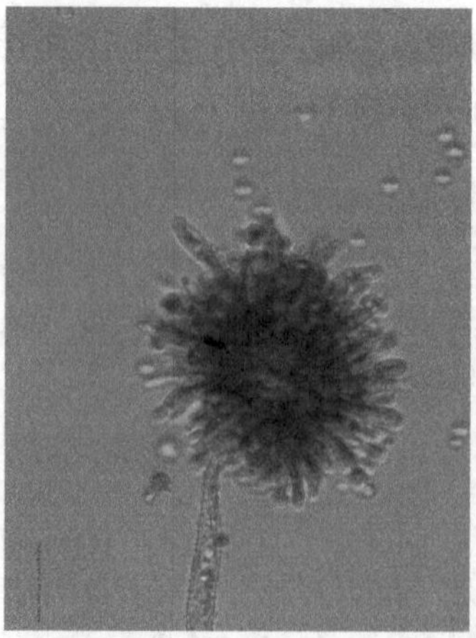

图 6.5　曲霉属（*Aspergillus*）的分生孢子梗和分生孢子

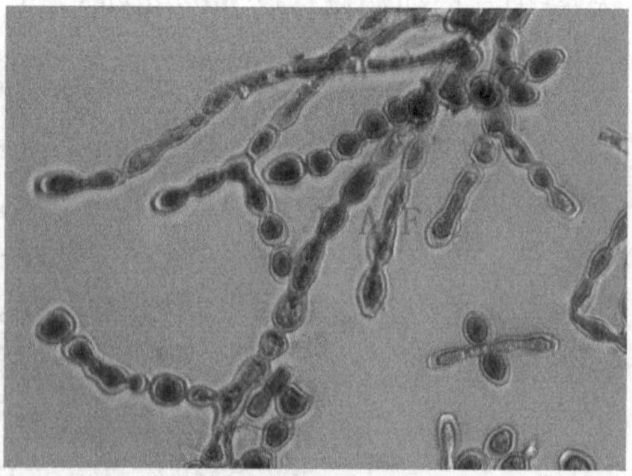

图 6.6　丛梗孢属（*Monilia*）的分生孢子梗和分生孢子

6. 尾孢属（*Cercospora*）

分生孢子梗黑褐色，不分枝，丛生于子座组织上，顶端着生分生孢子，分生孢子脱落后，梗继续生长，故分生孢子梗呈屈膝状。分生孢子无色或暗色，线形或鞭形，多胞。

观察花生褐斑病菌（*C. personata*）的分生孢子梗与分生孢子的形态特征（图6.7）。

彩图请扫码

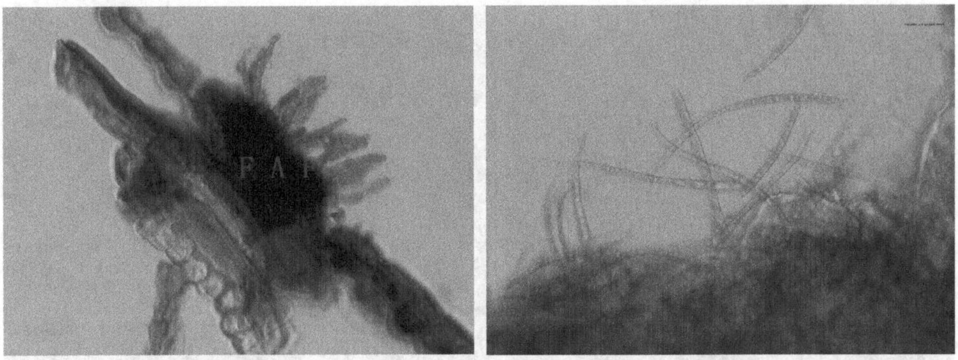

A　　　　B

图6.7　尾孢属（*Cercospora*）的分生孢子梗（A）和分生孢子（B）

7. 黑星孢属（*Fusicladium*）

分生孢子梗黑褐色，极短，顶端着生分生孢子，脱落后分生孢子梗上留有明显的孢子痕。分生孢子深褐色，椭圆形至梨形，双胞。

观察梨黑星病菌（*F. virescens*）的分生孢子梗和分生孢子的形态特征（图6.8）。

彩图请扫码

8. 轮枝孢属（*Verticllium*）

分生孢子梗直立，无色，具隔膜，常分枝。第一次分枝呈轮生、对生或互生，第二次分枝呈轮生、双叉状或三叉状着生于第一次分枝上，分枝末端及主梗顶端生瓶状产孢细胞。产孢细胞下部膨大，上部渐细，较长，内壁芽生瓶梗式产孢。分生孢子连续产生，常聚成孢子球，分生孢子球形、卵形、椭圆形或菱形，无色或略带淡褐色，单孢。

观察引起棉花黄萎病的大丽轮枝菌（*V. dahliae*）的分生孢子梗和分生孢子的形态特征（图6.9）。

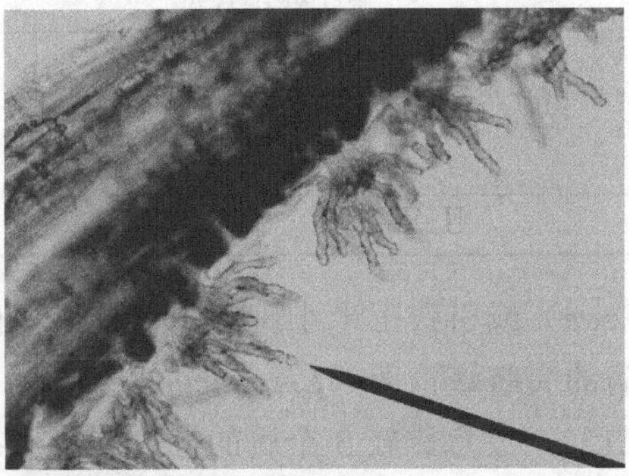

图6.8　黑星孢属（*Fusicladium*）的分生孢子梗

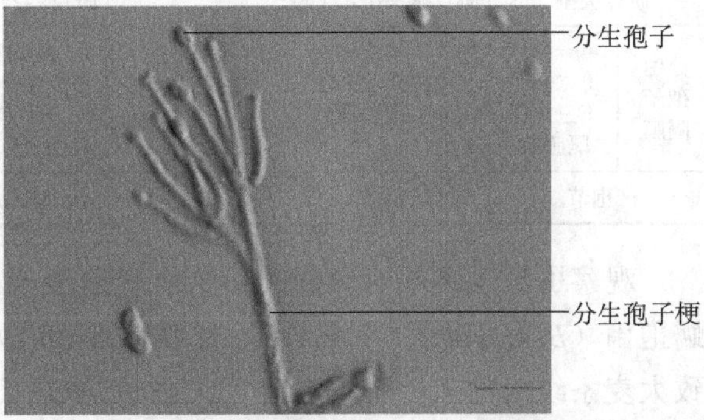

图6.9　轮枝孢属（*Verticllium*）的分生孢子梗和分生孢子

9. 交链孢属（*Alternaria*）

分生孢子梗暗色，短或长，顶端串生分生孢子，或为单生。分生孢子褐色，砖格状分隔，分生孢子倒棍棒状，椭圆形或卵圆形，顶端有喙状细胞。

彩图请扫码

观察白菜黑斑病菌（*A. brassicae*）的分生孢子梗与分生孢子的形态特征（图 6.10）。

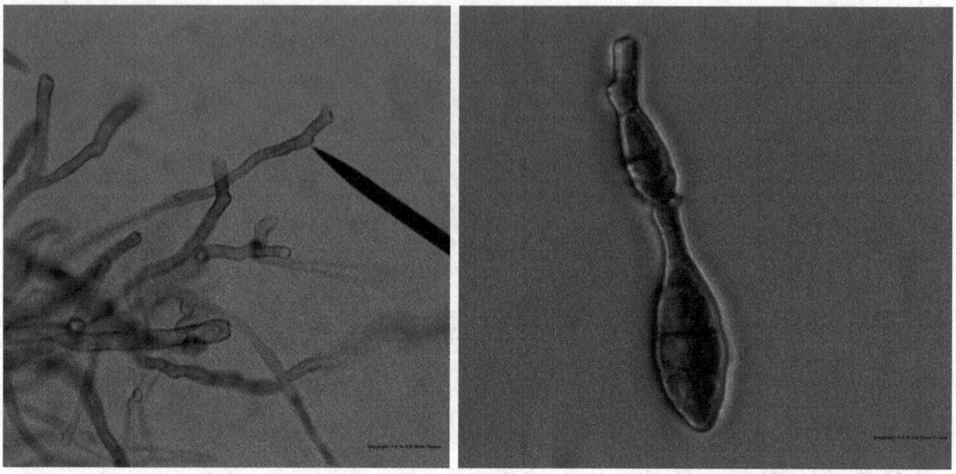

A　　B

图 6.10　交链孢属（*Alternaria*）的分生孢子梗（A）与分生孢子（B）

10. 平脐蠕孢属（*Bipolaris*）、突脐蠕孢属（*Exserohilum*）和内脐蠕孢属（*Drechslera*，又称德氏霉属）

分生孢子梗分化明显，散生或丛生不分枝或偶有分枝，褐色。但 3 个属的分生孢子形态特征、脐点类型等有明显差别（表 6.1）。

表 6.1　三个蠕形孢属的主要形态特征比较

<table>
<tr><th colspan="2"></th><th>平脐蠕孢属（Bipolaris）</th><th>突脐蠕孢属（Exserohilum）</th><th>内脐蠕孢属（Drechslera）</th></tr>
<tr><td colspan="2">分生孢子形状</td><td>梭形，直或弯曲</td><td>梭形或圆筒形，直或弯曲</td><td>直、圆筒形</td></tr>
<tr><td colspan="2">分生孢子萌发</td><td>两个端细胞或一个端细胞萌发，基细胞芽管靠近脐点</td><td>端细胞萌发，基细胞芽管靠近脐点</td><td>端细胞和中部细胞，或仅端细胞萌发，基细胞芽管远离脐点</td></tr>
<tr><td colspan="2">脐点类型</td><td>脐点微突出，平截</td><td>脐点强烈突出</td><td>脐点内陷，腔穴状</td></tr>
<tr><td rowspan="4">分生孢子隔膜</td><td>第一隔膜</td><td>划分出基细胞</td><td>划分出基细胞</td><td>在亚中部</td></tr>
<tr><td>第二隔膜</td><td>在中部或亚中部</td><td>在分生孢子其余部分的中部</td><td>在分生孢子顶部 1/3 处</td></tr>
<tr><td>第三隔膜</td><td>在分生孢子顶部</td><td>在分生孢子顶部</td><td>在第一与第二隔膜中间</td></tr>
<tr><td>隔膜数</td><td>多为 7～8 个</td><td>4～8 个</td><td>较少，4～6 个</td></tr>
<tr><td colspan="2">产孢节</td><td>光滑或粗糙</td><td>光滑或粗糙</td><td>光滑</td></tr>
</table>

彩图请扫码

观察引致水稻胡麻斑病的稻平脐蠕孢菌（*B. oryzae*）或引致玉米小斑病的玉蜀黍平脐蠕孢菌（*B. maydis*）（图 6.11）；观察引致玉米大斑病的突脐蠕孢菌（*E. turcicum*）；观察引致大麦条纹病的禾内脐蠕孢菌（*D. graminea*）（图 6.12），注意比较 3 个属的分生孢子形态特征。

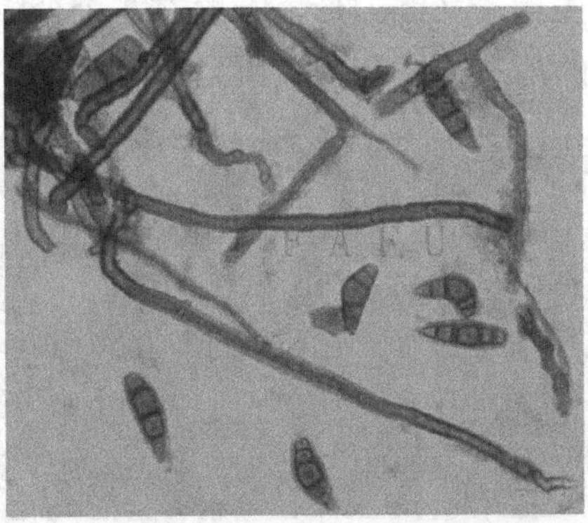

图 6.11　平脐蠕孢属（*Bipolaris*）的分生孢子梗和分生孢子

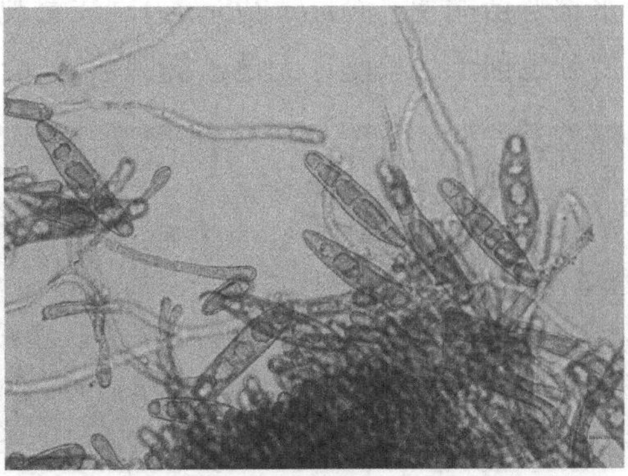

图 6.12　内脐蠕孢属（*Drechslera*）的分生孢子梗和分生孢子

（三）第三类：分生孢子梗聚集形成孢梗束——束梗孢目（Stilbellales）

褐柱丝孢属（*Phaeoisariopsis*）

分生孢子梗暗色或无色，不分枝，聚集成孢梗束。分生孢子着生在分生孢子梗顶端，圆筒形或棍棒形，直或微弯，双胞或多胞，褐色。

观察葡萄褐斑病菌（*P. vitis*）的分生孢子梗和分生孢子的形态特征（图 6.13）。

彩图请扫码

A　　　　B

图 6.13　褐柱丝孢属（*Phaeoisariopsis*）分生孢子梗（A）和分生孢子（B）

（四）第四类：分生孢子梗着生于分生孢子座上——瘤座孢目（Tuberculariales）

镰刀菌属（*Fusarium*）

镰刀菌属的特点为分生孢子梗着生在分生孢子座上。分生孢子梗形状不一，不分枝，聚集而形成垫状的分生孢子座。分生孢子无色，有两型，大型分生孢子多细胞，镰刀形，小型分生孢子单细胞，椭圆形或卵圆形。有的镰刀菌还可产生一种厚壁孢子，是病菌在不良条件下形成的休眠孢子，抵抗不良环境的能力强。

观察棉花枯萎病菌（*F. oxysporum* f. sp. *vasinfectum*）、小麦赤霉病菌（*F. graminearum*）

彩图请扫码

或水稻恶苗病菌（*F. moniliforme*），注意观察大型分生孢子（镰刀形，一般右 3 个分隔）和小型分生孢子（单胞，无色，椭圆形）、分生孢子座的形态特征（图 6.14）。

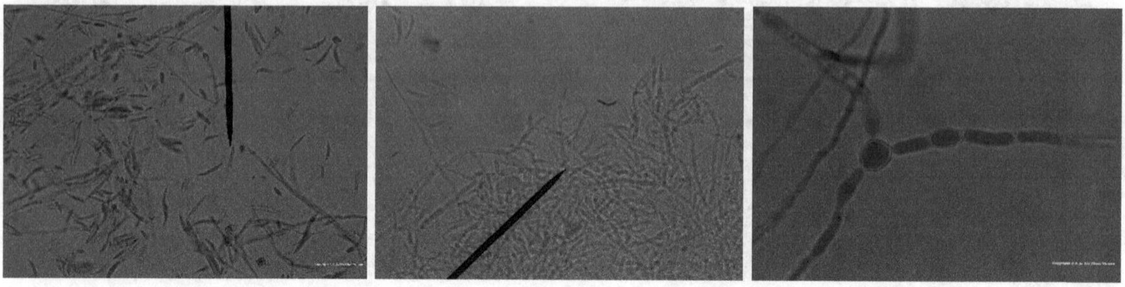

A　　B　　C

图 6.14　镰刀菌属（*Fusarium*）大型分生孢子（A）、小型分生孢子（B）和厚垣孢子（C）

四、作业与思考题

（一）作业

1. 扼要描述实验中所观察到的梨孢属、交链孢属、尾孢属、青霉属、镰刀菌属等病原菌所致病害的症状。

2. 描绘各代表属的形态特征图。

（二）思考题

在《菌物词典》第十版中，无性态菌物的分类依据是什么？与 Ainsworth 分类系统相比，有何不同？

实验七　无性态菌物形态特征及其所致病害观察（二）

无性态菌物的载孢体为分生孢子器和分生孢子盘，分生孢子梗和分生孢子着生在分生孢子盘上或分生孢子器内，这类真菌中有不少是植物重要的病原菌，危害植物时在病部往往形成小黑粒或小黑点的病征，为病菌的分生孢子盘或分生孢子器。

一、目的要求

通过对这类无性态菌物各类型代表菌的观察，了解其分类依据，掌握主要属的形态特征及其所致主要病害的症状特点，进一步学习和训练徒手切片技能。

二、材料与用具

（一）材料

辣椒炭疽病菌（*Colletotrichum gloeosporioides*）、白菜炭疽病菌（*C. higginsianum*）、大豆炭疽病菌（*C. truncatum*）、柑橘疮痂病菌（*Sphaceloma fawcettii*）、枇杷灰斑病菌（*Pestalotiopsis funerea*）、葡萄黑腐病菌（*Phoma viticola*）、黄麻秆枯病菌（*Macrophoma corchori*）、香蕉黑星病菌（*M. musae*）、茄褐纹病菌（*Phomopsis vexans*）、蚕豆褐斑病菌（*Ascochyta fabae*）、小麦叶枯病菌（*Septoria nodorum*）等的玻片标本以及所导致的植物病害腊叶或液浸标本或采集的新鲜标本。

（二）用具

显微镜、幻灯机、投影仪、计算机及多媒体教学设备，载玻片、盖玻片、吸水纸、解剖刀、挑针、镊子、刀片、方木块等。

三、实验内容和方法

（一）第五类：分生孢子梗着生于分生孢子盘内——黑盘孢目（Melanconiales）

分生孢子梗着生在分生孢子盘上，分生孢子盘在寄主的表皮或角质层下形成，成熟后外露。分生孢子小，排列紧密，分生孢子单个顶生，有些属在分生孢子盘上有刚毛。

1. 炭疽菌属（*Colletotrichum*）

分生孢子盘有黑褐色的刚毛，一般着生在分生孢子盘的周围，数目较少。分生孢子梗较短，无色。分生孢子长椭圆形，后成月牙形。

观察大豆炭疽病菌（*C. truncatum*）、辣椒炭疽病菌（*C. gloeosporioides*）、白菜炭疽病菌（*C. higginsianum*）或棉花炭疽病菌（*C. gossypi*）等的分生孢子盘、刚毛、分生孢子梗和分生孢子的形态特征（图 7.1）。

彩图请扫码

图 7.1 大豆炭疽病菌（*C. truncatum*）分生孢子盘、刚毛、分生孢子梗和分生孢子

2. 痂圆孢属（*Sphaceloma*）

分生孢子盘褐色。分生孢子梗圆筒形，无色或淡褐色，不分枝，1～2 个隔膜。分生孢子椭圆形，单胞，无色。

观察柑橘疮痂病菌（*S. fawcettii*）或葡萄黑痘病菌（*S. ampelinum*）等的分生孢子盘、分生孢子梗和分生孢子的形态特征。

3. 拟盘多毛孢属（*Pestalotiopsis*）

分生孢子盘盘状或垫状，黑色。分生孢子梗短而细，不分枝。分生孢子椭圆形至梭形，多胞，中间细胞褐色，两端细胞无色，顶端附着有 2～5 根刺毛，多为 4 根，刺毛无色，基部有短柄，无色。

观察枇杷灰斑病菌（*P. funerea*）或茶轮斑病菌（*P. theae*）等的分生孢子盘、分生孢子梗和分生孢子的形态特征（图 7.2）。

彩图请扫码

图 7.2 拟盘多毛孢属（*Pestalotiopsi*）分生孢子盘和分生孢子

（二）第六类：分生孢子梗着生于分生孢子器内——球壳孢目（Sphaeropsidales）

分生孢子梗着生在分生孢子器内，分生孢子器是由拟薄壁细胞所形成，形态多样，不形成在子座上或基质上，埋生或表生，单生或聚生。该类真菌多寄生于叶片上引起叶斑病，也可侵染茎杆、枝条引起溃疡或腐烂。

1. 茎点霉属（*Phoma*）

为害寄主的果实、茎秆和老叶，形成斑点，病部有明显的小黑点。分生孢子器埋生或半埋生，球形，褐色，有孔口，内壁着生分生孢子梗。分生孢子单胞，无色。

观察葡萄黑腐病菌（*P. viticola*）或水稻谷枯病菌（*P. glumarum*）的分生孢子器、分生孢子梗和分生孢子的形态特征（图 7.3）。

彩图请扫码

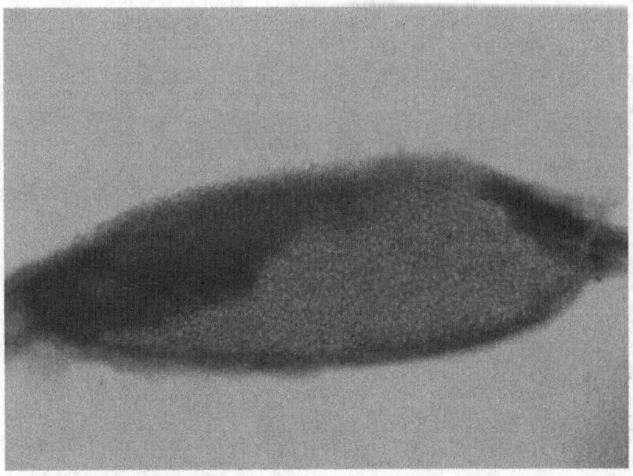

图 7.3 茎点霉属（*Phoma*）分生孢子器、分生孢子

2. 大茎点霉属（*Macrophoma*）

分生孢子器暗色，扁球形至球形，具孔口埋生于寄主组织内，孔口部突出，或孔口突破寄主表皮而外露。分生孢子梗短。分生孢子一般大于 15 μm。

彩图请扫码

观察黄麻杆枯病菌（*M. corchori*）或香蕉黑星病菌（*M. musae*）的分生孢子器和分生孢子的形态特征（图 7.4）。

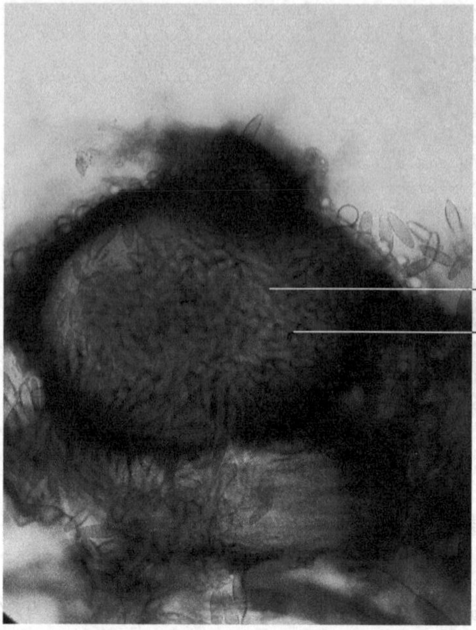

图 7.4 大茎点霉属（*Macrophoma*）的分生孢子器、分生孢子

3. 拟茎点霉属（*Phomopsis*）

分生孢子器黑色，球形或圆锥形，有孔口或无孔口。分生孢子梗短，不分枝，分生孢子有两种类型。甲型分生孢子卵圆形至纺锤形，单细胞，无色，能萌发，是主型孢子；乙型分生孢子线型，一端弯曲呈钩状，不能萌发。

彩图请扫码

观察茄褐纹病菌（*P. vexans*）的分生孢子器、分生孢子梗和分生孢子的形态特征（图 7.5）。

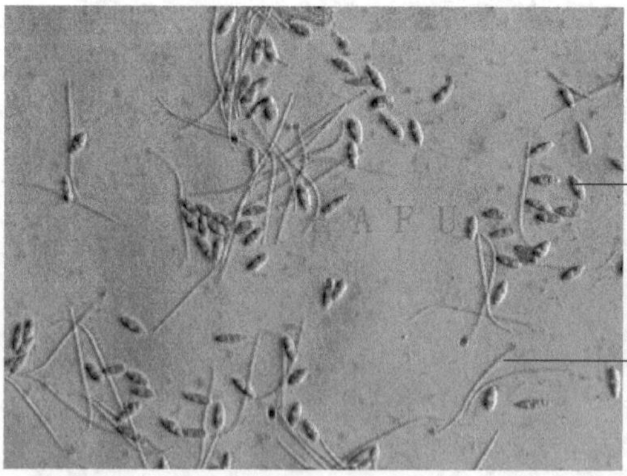

图 7.5 拟茎点霉属（*Phomopsis*）的甲型和乙型分生孢子

4. 壳二孢属（*Ascochyta*）

分生孢子器球形，褐色，分散、埋生，器壁薄。分生孢子梗短。产孢细胞桶形或椭圆形，光滑，内壁芽生瓶体式产孢。分生孢子卵圆形至圆筒形，双细胞，无色。

彩图请扫码

观察蚕豆褐斑病菌（*A. fabae*）的分生孢子器和分生孢子的形态特征（图 7.6）。

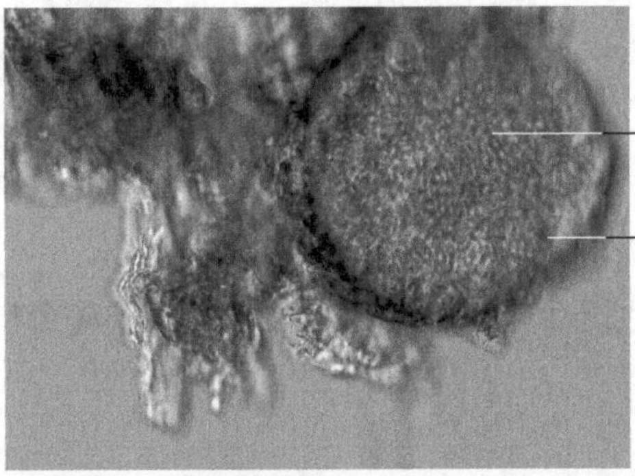

图 7.6　壳二孢属（*Ascochyta*）的分生孢子器和分生孢子

5. 色二孢属（*Diplodia*）

分生孢子器散生或集生，球形，暗褐色至黑色，往往有疣状孔口。分生孢子初是单细胞，无色，椭圆形或卵圆形，成熟后转变为双细胞，顶端钝圆，基部平截，深褐色至黑色。

观察棉花色二孢（*D. gossypina*）或黄麻色二孢（*D. corchori*）的分生孢子器和分生孢子的形态特征（图 7.7）。

彩图请扫码

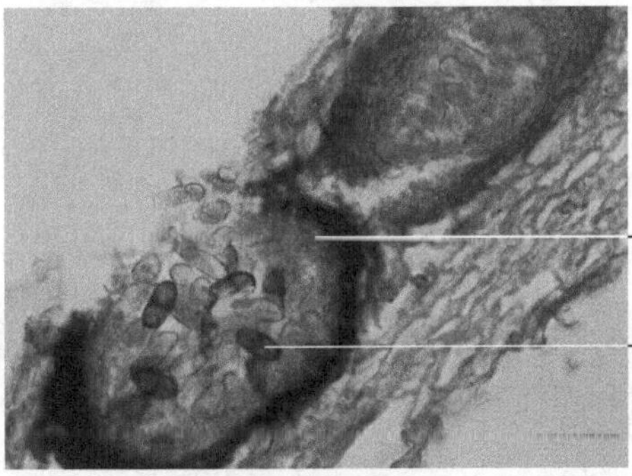

图 7.7　色二孢属（*Diplodia*）的分生孢子器和分生孢子

6. 壳针孢属（*Septoria*）

分生孢子器球形，褐色，器壁革质至炭质，无子座，有一圆形的孔口。分生孢子多细胞，细长筒形、针形或线形，直或微弯。

观察小麦叶枯病菌（*S. nodorum*）的分生孢子器和分生孢子的形态特征（图 7.8）。

彩图请扫码

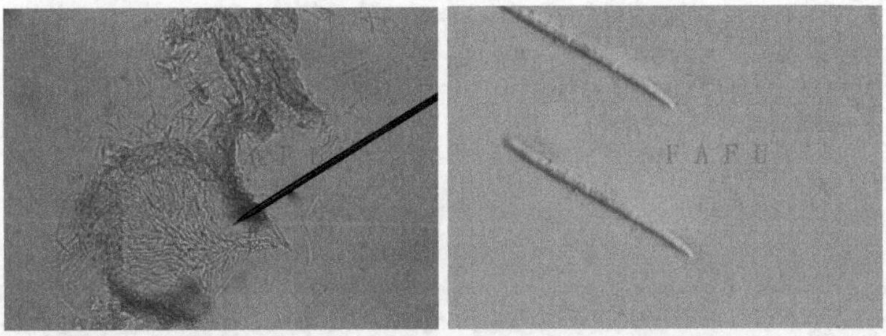

A　　B

图 7.8　壳针孢属（*Septoria*）的分生孢子器（A）和分生孢子（B）

四、作业和思考题

（一）作业

1. 描绘各代表属的形态特征简图。
2. 从发生学和形态学方面区别分生孢子器、分生孢子盘与子囊壳和子囊盘。

（二）思考题

载孢体分别为分生孢子器和分生孢子盘的无性态菌物的分生孢子在传播途径方面有何不同？并分析其原因。

实验八　植物病原细菌的形态及细菌病害的症状观察

植物的细菌病害种类很多，发生和分布都很普遍，几乎在每种作物上都有一种或几种细菌病害，有的危害较重。细菌病害的症状主要是组织坏死，萎蔫或畸形如根瘤。常见的在病斑的周围呈油渍状或水渍状，在病部上有时会产生菌脓。

细菌很小，要观察细菌菌体的形态、大小等，在一般的光学显微镜下不易看清，必须经过染色后才能观察。细菌的培养性状主要是指在人工培养条件下细菌群体的生长发育情况，如在固体培养基上菌落的形态特征，在培养液中生长的性状及对环境条件的要求与反应等。

一、目的要求

通过实验，要求学生掌握植物细菌病害的主要症状类型、诊断细菌病害的常用技术——喷菌现象；了解不同属细菌的菌落形态特征；学习和掌握革兰染色和鞭毛染色方法，观察不同属细菌的形态特征与鞭毛类型。

二、材料和用具

（一）材料

1. 细菌病害的标本

水稻白叶枯病、水稻细菌性条斑病、番茄青枯病、番茄细菌性斑点病、柑橘溃疡病、白菜软腐病、桃根癌病、马铃薯环腐病、甘薯丛枝病等作物细菌性病害的腊叶标本、液浸标本或新鲜标本。

2. 细菌的培养物

稻白叶枯病菌（*Xanthomonas oryzae* pv. *oryzae*）、番茄青枯病菌（*Ralstonia solanacearum*）、番茄细菌性斑点病（*Pseudomonas syringae*）、白菜软腐病菌（*Pectobacterium carotovora* subsp. *carotovora*）、马铃薯环腐病菌（*Clavibacter michiganensis* subsp. *sepedonicus*）、枯草芽孢杆菌（*Bacillus subtilis*）的平板培养物。

3. 试剂

3% KOH、结晶紫、草酸铵、95%乙醇、碘、碘化钾、碱性品红、苯酚、单宁酸、氯化铁（$FeCl_3 \cdot 6H_2O$）、蒸馏水、香柏油等。

（二）用具

显微镜、酒精灯、火柴（或打火机）、接菌环、吸水纸、载玻片、盖玻片、滴瓶、纱布、刀片和挑针等。

三、实验内容和方法

（一）植物细菌性病害的症状观察

1. 症状类型

植物细菌病害表现各种类型的症状，不同属的细菌侵染植物后引起的症状有所不同。

彩图请扫码

（1）劳尔氏属（*Ralstonia*）　叶斑、枝枯、萎蔫。观察 *R. solanacearum* 引起的番茄、辣椒、烟草等青枯病，发病植株不变色，萎蔫，茎内部维管束变黄褐色至黑褐色，切口处有菌脓流出，后期根部霉烂发黑（图 8.1）。

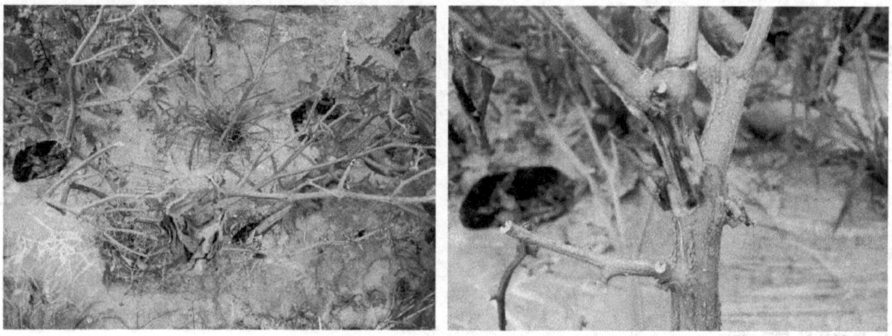

图 8.1　辣椒青枯病

（左：整体萎蔫；右：维管束褐变）

彩图请扫码

（2）假单胞杆菌属（*Pseudomonas*）　萎蔫、枯萎、溃疡、软腐、叶斑、肿瘤等，该属占植物病原细菌中的半数。观察 *P. syringae* 引起的番茄细菌性斑点病，主要危害叶片，发病初始产生水渍状小圆点斑，扩大后病斑暗褐色，有明显的黄色晕圈（图 8.2）。

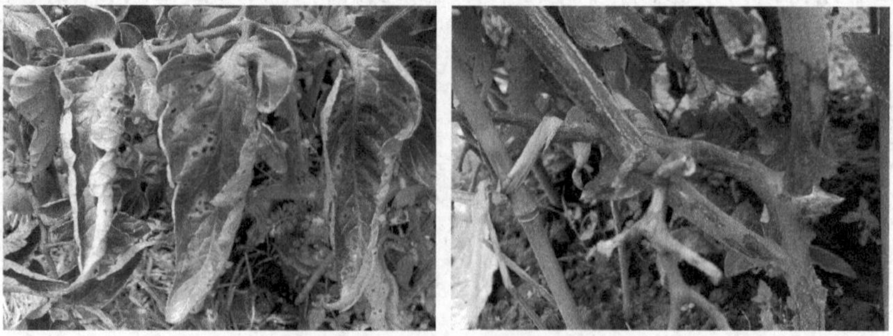

图 8.2　番茄细菌性斑点病

（左：叶片症状；右：茎秆症状）

（3）黄单胞杆菌属（*Xanthomonas*）　　坏死、萎蔫。观察 *X. axonopodis* pv. *citri* 引起的柑橘溃疡病，叶片上的病斑木栓化隆起，表面开裂像火山口状，可通透两面，灰白色至深褐色，有黄色晕圈（图 8.3）；观察 *X. oryzae* pv. *oryzae* 引起的水稻白叶枯病，叶缘有波纹状黄白色病斑，心叶青枯，卷曲，幼苗凋萎（图 8.4）。

彩图请扫码

A　　　　B

图 8.3　柑橘溃疡病（A）和辣椒疮痂病（B）

A　　　　B

图 8.4　水稻白叶枯病（A）和水稻细菌性条斑病（B）

（4）果胶杆菌属（*Pectobacterium*）　　腐烂为主（少数萎蔫和枝枯）。观察 *P. carotovora* subsp. *carotovora* 引起的白菜软腐病，根及茎基软腐，植株失水枯萎，叶松散软垂，有臭气（图 8.5）。

彩图请扫码

图 8.5　白菜软腐病

彩图请扫码

（5）土壤杆菌属（*Agrobacterium*） 瘤肿、畸形。观察 *A. tumefactions* 引起的桃树、李树根癌病，病株基部形成大小不等的肿瘤，初淡褐色，表面粗糙不平，后颜色变深，内部组织木栓化，后成为坚硬的肿瘤。

（6）棒形杆菌属（*Clavibacter*） 萎蔫、蜜穗、花叶。观察 *C. michiganensis* subsp. *sepedonicus* 引起的马铃薯环腐病，薯块内部环状腐烂，植株受害后生长迟缓，地上部矮缩、萎蔫、分枝减少，叶片变小、叶色发黄（8.6）。

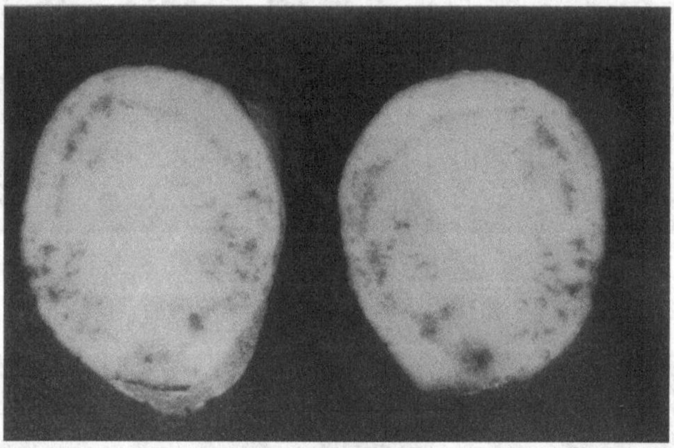

图 8.6 马铃薯环腐病

（7）链霉菌属（*Streptomyces*） 矮化、疮痂、坏死等。观察 *S. scabies* 引起的马铃薯疮痂病，病菌侵害马铃薯块茎后在薯块表皮上形成细小、隆起的瘤状疮痂。

彩图请扫码

（8）韧皮部杆菌属（*Liberibacter*） 花叶、斑驳、畸形等。观察 *L. asiaticum* 引起的柑橘黄龙病，病梢叶片有黄绿相间的斑驳或花叶，叶脉黄白色，病树上果实不成熟，果皮下半部保持青绿色，味差，又称“青果病”（图 8.7）。

图 8.7 柑橘黄龙病

（9）植原体属（*Phytoplasma*）　叶片褪绿黄化、植株矮化、丛枝、花器叶片化、果实畸形。观察甘薯丛枝病（sweet potato witches' broom），病株主蔓短缩，侧蔓丛生，叶片变小，形成典型的丛枝症状。

2. 其他诊断特征

1）细菌病害的病斑初期常有水渍状，如柑橘溃疡病、番茄细菌性斑点病。

2）病部常有菌脓，如水稻白叶枯病和水稻细菌性条斑病。

3）萎蔫型病害将茎基切断，用力挤压，或看到有菌液流出。将切断的茎或叶片插在湿砂中保湿一夜，次日可在切口的病部看到菌脓液滴，如番茄青枯病。

3. 显微镜检查喷菌现象

切取小块病组织（0.5 cm × 0.5 cm）（最好是病、健交界处的新鲜病组织），平放在载玻片上的小水滴中，加盖玻片在低倍镜下观察，在切口处有大量细菌呈烟雾状从病组织中溢出（图 8.8）。以水稻细菌性条斑病或番茄青枯病为观察材料。

彩图请扫码

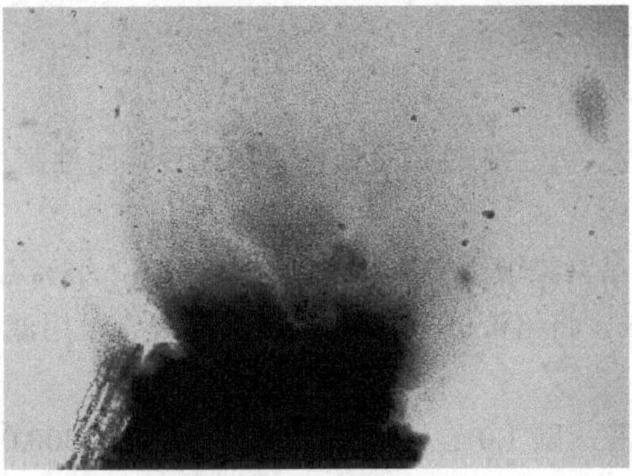

图 8.8　喷菌现象

（二）植物病原细菌的琼脂平板培养性状的观察

注意观察菌落的形状、大小、颜色和光泽，其表面是否隆起或凹陷，边缘的形状、透明度，培养基的颜色以及色素的变化等。大多数病原细菌都形成圆形、边缘整齐、表面有光泽、质地均匀、中央略隆起的菌落，其中黄单胞杆菌的菌落蜜黄色至淡黄色；果胶杆菌的为灰白色；假单胞杆菌的为灰白色，少数有淡绿色或蓝绿色光泽；棒形杆菌的为灰白色，且生长缓慢。

观察水稻白叶枯病菌、番茄青枯病菌、白菜软腐病菌、马铃薯环腐病菌和枯草芽孢杆菌的菌落形态。

（三）革兰染色

革兰染色是鉴定细菌最重要的染色方法。由于细菌细胞壁的厚薄和细胞壁组分的差别，不同类型的细菌细胞壁对特定的染色物质反应不同。根据不同的染色反应，可将细菌分成革兰阳性（G+）菌和阴性（G–）菌两大类。最常用的方法有结晶紫草酸铵染色法，另外 KOH 溶解方法和氨基肽酶方法可用作辅助区分方法。

1. 结晶紫草酸铵染色法

（1）染色程序

1）涂片：在干净的载玻片上涂片，风干，不要加热。然后在火焰上通过两次，固定涂片，并写上标记。

2）结晶紫染色 1 min。

3）水洗数秒钟，甩去余下的水，并轻轻吸干（或用碘液冲去余下的水）。

4）碘液处理 1 min。

5）水洗数秒钟，用吸水纸吸干，但不能损害菌苔涂片。

6）用 95%乙醇褪色。将载玻片斜放在白纸上，从上端滴下乙醇，使其顺着整个载玻片均匀地向下流，直到洗下的乙醇无色为止。褪色时间为 10～20 s，不能超过 30 s，否则阳性菌也可能被褪色。

7）水洗数秒钟，吸干。

8）滴加复染剂复染 10 s。

9）水洗，吸干，镜检，革兰阳性菌呈紫色或蓝黑色；阴性菌呈红色。

（2）染液

1）Hucker 草酸铵结晶紫染液：溶液 A：结晶紫 2.0 g，95%乙醇 20.0 mL。溶液 B：草酸铵 0.8 g，蒸馏水 80 mL。将溶液 A 和 B 分别配成后混合，用滤纸过滤于贮存瓶中，24 h 后再使用。

2）革兰改良鲁氏碘液：碘 1.0 g，碘化钾 2.0 g，蒸馏水 300.0 mL。在一个研钵中先后研磨碘和碘化钾，缓慢加水并继续研磨直到碘和碘化钾全部溶解，然后用剩余的水将溶液洗入暗色瓶中，待溶解几小时或暗处过夜后再使用。

3）褪色剂：①95%乙醇，褪色最慢；②丙酮，褪色最快；③丙酮-乙醇（95%乙醇 100 mL，丙酮 100 mL），褪色中速。通过实践，三种褪色剂效果都很好，可以任选其中一种。

4）复染剂：原液：番红 2.5 g，95%乙醇 100.0 mL。染色溶液：原液 10 mL，蒸馏水 90.0 mL。

（3）染色成功要点

1）染色所用的染剂要新鲜。存放期不超过一年。时间过长染剂也会分解，特别是碘液需装在棕色试剂瓶内或置于暗处保存才不会褪色失效。

2）用新鲜细菌，最理想的是对数生长期的细菌。静止期的细菌革兰染色反应不稳定。

3）用已知的阳性菌和阴性菌作对照。

4）细菌涂片必须使细菌群体充分分散开，避免出现密集菌块。

2. KOH 溶解方法

用 3% KOH 1 滴，滴在载玻片上，用牙签或细玻棒移取一团待测细菌菌苔放在玻片上的 KOH 溶液中，搅动片刻，再将牙签或细玻向上提起，观察提起的时候有无菌液黏丝。革兰阴性菌有清楚的黏丝相连，阳性菌无黏丝出现。

（四）鞭毛染色

鞭毛的有无、数目和着生部位是重要的分类和鉴定性状。细菌的鞭毛很细（只有 0.02～0.03 μm），一般光学显微镜看不到，鞭毛染色后鞭毛上沉积了染剂或银盐后才能看到。由于染剂也可以在载玻片上沉积，所以鞭毛染色要用非常清洁的载玻片。染剂处理的时间很重要，处理时间太短，鞭毛上没有足够的沉积物就看不清楚，处理时间太长，载玻片上的沉积物太多则影响检查。对处理时间的掌握，反复实践最为重要。

1. 载玻片的准备

鞭毛染色要选用新的或没有伤痕并非常洁净的载玻片。新玻片要放在浓铬酸洗液中浸泡 4～5 d，用洗衣粉溶液浸泡洗涤，用清水洗净后，再放入酸性乙醇溶液（粗硫酸与 95%乙醇等量混合）中浸泡 24～48 h，取出后用清水洗净，再用蒸馏水洗净，再浸泡在 95%乙醇中备用。

染色时将浸泡在 95%乙醇中的玻片取出并通过火焰几次，到载玻片边缘的火焰呈橘黄色为止。通过火焰的载玻片，放在多层吸水纸上任其冷却；为了减少破损，最好是放在加热的金属板上，使它渐渐冷却。检验洁净的标准是在载玻片上加 1 滴蒸馏水，如果水滴很快而且均匀地扩散开来，表示载玻片是清洁适用的。

2. 细菌悬浮液的配制

配制细菌悬浮液，最好是用在斜面上培养 18～24 h 的细菌，但生长较慢的（如黄单胞杆菌属）细菌，可适当延长到 36～48 h。染色前，菌种每隔 1～2 d 移植一次，必要时可连续进行几次，以增强细菌的活性。配制的时候，在培养的斜面上加灭菌水 3～5 mL（可根据浓度增减）静置（可以稍加摇动，但不要振动）一定时间，细菌就散开而形成悬浮液。放置的时间一般是 5～30 min，产生胶质的细菌则需要 30 min 或更久一些。放置时间太长，细菌的鞭毛可能会脱落。

3. 涂片

涂片的方法是用微吸管或移植环取悬浮液 1 滴或 2～3 滴加在洁净的载玻片上，立即将玻片直立，使菌液流下，玻片上即遗留 1 条或 2～3 条细菌悬浮液膜。最好是从悬浮液的上层取样，有人认为上层活动的细菌较多。载玻片保持直立使菌液干燥，鞭毛染色的玻片一般都不通过火焰固定而直接染色。另一种方法是用灭菌的吸管，吸取悬浮液 2 mL，移在灭菌小试管中，必要时可加水稀释，然后取样染色。还有人建议在小试管中先加 2 mL 的 1%甲醛，然后加 2 mL 的细菌悬浮液，过浓则再加 1%的甲醛稀释。经过甲醛的固定，有时鞭毛染色效果较好。

注意事项：配制细菌悬浮液和涂片的过程要注意保持恒温（接近细菌生长的适温），以防忽冷忽热，易使鞭毛脱落，特别是室温低于 20 ℃时，最好用恒温水浴锅。

4. 染色方法

鞭毛染色的方法一般可分为两类。第一类方法大都是以碱性品红作染剂，其中常用的是赖夫生染色法。另一类是用银盐沉积的方法。由于现在的银盐染色法无须经过比较费事的锇酸固定，且染色的效果很好。下面介绍 3 种常见的染色方法，各实验室可根据自己的条件选择其中一种。

（1）赖夫生（Leifson）染色法　单宁酸 1.0 g，氯化钠 0.5 g，碱性品红 0.4 g。取以上混合物 1.9 g，溶解在 33 mL 的 95%乙醇中，加蒸馏水使最后容量为 100 mL。pH 调节到 5.0。

染色步骤：①在洁净的载玻片上，用尖的蜡笔划四个 1.3 cm×2.0 cm 的长方形小格；②培养斜面上加蒸馏水，放在室温下，细菌扩散而形成浑浊的悬浮液；③将载玻片斜放（大致 80°），用移植环在每小格的顶端加 1 滴悬浮液，立即用纸吸去流下的悬浮液，将载玻片在空气中干燥；④第一个小格中加 5 滴染剂，经过 5 s、10 s 和 15 s 后，分别在第二、三、四个小格中加滴染剂；⑤仔细观察染剂中很细沉淀物的产生，当第一和第二个小格已经产生沉淀时，立即用水将载玻片上的染剂洗去，否则载玻片沉积物的量会增多；⑥载玻片任其在室温下干燥（不用吸水纸吸），干燥后直接用油浸镜检视。

染色好的标本，细菌和鞭毛都染成红色，背景无色，载玻片上一般都有少量染剂沉积物，但不影响观察。染色时间的长短很重要，这是由载玻片上形成沉淀物的时间决定的。观察沉淀产生最好的方法，是将载玻片放在黑纸（或其他黑的背景）上，用光束照射染剂。当开始产生沉淀时，染剂的边缘出现铁锈色的云雾状物；当整个染剂都出现雾状物时，立即用水将载玻片上染液洗去。载玻片上分为四小格以便掌握染色的时间。有了经验以后，就不一定要这样做。当然，载玻片上用蜡笔划一方格，加染剂时可以防止其外流，用其他染色法时也可以采用。

（2）西萨-基尔（Cesares-Gill）染色法　有些不易染色的细菌鞭毛，如产生胶质较多的植物病原细菌以及鞭毛非常细或容易脱落的细菌，有时用这种方法染色的效果较好。

1）染媒剂：单宁酸 10 g，$AlCl_3 \cdot 6H_2O$ 18 g，$ZnCl_2$ 10 g，碱性品红 1.5 g，60%乙醇 40 mL。研钵中盛 60%乙醇 10 mL，加入以上各种成分，充分研磨混合后再加入剩余的 60%乙醇。使用前用水稀释 2 倍，染色时过滤，滤液直接滴上涂片上。

2）染液：苯酚品红。溶液Ⅰ：碱性品红 0.3 g，95%乙醇 10.0 mL。溶液Ⅱ：苯酚（结晶）5.0 g，蒸馏水 95.0 mL。溶液Ⅰ和溶液Ⅱ分别配制后混合。

3）染色步骤：①用微吸管上斜放的载玻片上端加 2～3 滴细菌悬浮液，使菌液流到载玻片的下端，多余的菌液用水吸去，将载玻片任其上空气中干燥；②染媒剂过滤后滴上载玻片上，处理时间 5 min 左右（时间根据经验确定），染媒剂的质量和处理时间的长短，可以说是该染色法成功的关键；③染媒剂用水轻轻洗去；④苯酚品红染液染 5 min，不加温；⑤水洗，在空气中干燥后镜检。

（3）银盐“染色”法　　硝酸银和硫酸银都用于鞭毛的“染色”，这里介绍一种近年来使用较多的方法。

1）染液：试剂Ⅰ：单宁酸 5 g，氯化铁（$FeCl_3 \cdot 6H_2O$）1.5 g，蒸馏水 100 mL。混合溶解后，加 15%甲醛 2 mL 和 1% NaOH 1 mL。15%甲醛的配法是：在 40%甲醛 4 mL 中，加蒸馏水 6 mL。溶液最后的 pH 是 1.5～1.8。

试剂Ⅱ：硝酸银 2 g，蒸馏水 100 mL。硝酸银溶于蒸馏水中，10 mL 留作回滴定。在 90 mL 硝酸银溶液中，一滴一滴加入浓氢氧化铵，产生很浓的沉淀，继续滴入氢氧化铵，至沉淀消失为止，然后滴入备用的硝酸银溶液，至出现少量云雾状沉淀为止。这时测定溶液的 pH，仔细地加硝酸银溶液或浓的氢氧化铵，将 pH 调节到 9.8～10.0。pH 的调节是很重要的。试剂Ⅱ不耐贮存，必须在 4 h 内染色，不然 pH 将发生改变。贮存后酸度已经改变的试剂，即使再调节到 pH 10.0，用于染色效果也不好。

2）染色步骤：①移植环在载玻片上加 1 滴蒸馏水；②用移植环取一滴细菌悬浮液（或者从培养斜面上挑取少量细菌），在蒸馏水滴上碰一下，使两者混合，将载玻片斜放，用纸吸去流下的菌液，在空气中干燥，无须加热固定；③试剂Ⅰ处理 2～4 min，用蒸馏水轻轻将试剂洗去；④试剂Ⅱ染 30～60 s，立即用蒸馏水轻轻洗去试剂，在空气中干燥后镜检。有人建议加试剂Ⅱ后，在酒精灯上稍微加热，使它冒蒸汽而试剂不干，然后再用水洗。

注意事项：细菌的菌龄是影响本实验成败的重要因素，一定要用新鲜的斜面培养物，即在适温下培养 16～22 h。用事先放在温箱中的灭菌水 5～10 mL，加入菌种试管中，再放在 26 ℃温箱中静置，30 min 后吸取上部菌悬液一滴于洁净的载玻片一端，直立玻片，使菌液淌向另一端，晾干，但不要在火焰上固定。

四、作业与思考题

1. 将实验结果填入表 8.1。

表 8.1　植物病原细菌各属的主要特征

属名	病害症状	培养性状	革兰染色反应	鞭毛类型（图解）

2. 鞭毛染色成功的关键是什么？
3. 革兰染色中如何排除假阳性？
4. 如何区分腐生细菌与寄生细菌？

实验九　植物病毒病及其生物学诊断

植物病毒侵染寄主植物后，植物正常的生理、生化代谢活动受到干扰，在适合的外界环境条件影响下，感病植物产生肉眼可见的外部症状，主要表现为畸形、花叶、环斑和坏死等。某些病毒还在寄主细胞内产生一种健全细胞所不具有的微小异常结构即内含体，内含体由聚集的病毒或病毒蛋白组成，或是由上述某些物质混合而成，或是与寄主成分混杂组成。内含体分布在细胞质或细胞核中，有些大到在光学显微镜下可见，另一些则仅可借助于透射电子显微镜进行观察。内含体的形状不同，可从无定形结构到有明确规格的晶体结构，如马铃薯 Y 病毒属病毒（potyvirus）的风轮状内含体和烟草花叶病毒（tobacco mosaic virus，TMV）的结晶状内含体等。电子显微镜还可以观察到病毒内含体的结构和组分，如芜菁黄花叶病毒（turnip yellow mosaic virus，TYMV）的颗粒状内含体由结晶状病毒、裂解的叶绿体和细胞质构成。外部症状和内含体是植物病毒病诊断的重要依据。

接种病毒后，能产生快而稳定、具有特征性症状的植物，称为鉴别寄主。依据几种鉴别寄主或鉴别寄主谱可以诊断某些植物病毒病，一个鉴别寄主谱，症状最好呈现 3 种反应类型：系统感染、局部感染和不感染。当然，鉴别寄主谱也要根据实际的需要，进行必要的调整和变动。在进行鉴别寄主测定时，主要采用病株汁液摩擦接种和介体接种等病毒接种方式。

一、目的要求

通过本实验了解和认识植物病毒病害的主要症状类型，掌握常见植物病毒病害的症状特点；了解和认识几种典型植物病毒内含体的形态特征，学会植物病毒内含体的观察方法；掌握鉴别寄主诊断病毒病害的原理和技术，为植物病毒病害的诊断打下基础。

二、材料与用具

（一）材料

实验前保存和采集的新鲜植物病毒病害标本、实验室保存的植物病毒病害标本、多媒体图片、感病植株（烟草普通花叶病病株等）、鉴别寄主（普通烟苗、心叶烟苗和黄瓜苗等）、O-G 染色液（分别称取 1 g 的亮绿染料 Luxol Brilliant Green BL 和橙黄染料 Calcomine

Orange 2RS，分别悬浮在 100 mL 2-甲氧基乙醇中，充分混匀后，用滤纸过滤，制成原液，备用。使用时由 8 份亮绿染料原液、1 份橙黄染料原液和 1 份水混合配制而成）、天青 A（azure A）染色液［0.1 g 天青 A 染料和 100 mL 2-甲氧基乙醇充分混匀，制成原液备用。在使用前，将原液和 0.2 mol/L 磷酸氢二钠（Na_2HPO_4）按 9∶1 的比例混合配制成染色液使用］、乙醇、Triton X-100、戊二醛、四氧化锇、环氧树脂、乙酸双氧铀、柠檬酸铅、0.01 mol/L 磷酸缓冲液（pH 7.0）、金刚砂（500 目）或硅藻土。

（二）用具

尖头镊子、刀片、载玻片、盖玻片、剪刀、研钵、研棒、齐头毛笔、玻棒、洗瓶、光学显微镜、超薄切片仪和透射电子显微镜等。

三、实验内容和方法

（一）植物病毒病害的症状观察

植物病毒病害的症状类型主要有以下几类：畸形、花叶、变色、环斑和坏死等。

1. 畸形

畸形主要表现为感病植物的异常生长。

矮化：植株矮化，有的还皱缩。观察水稻矮缩病（图 9.1）和玉米粗缩病（图 9.2）等病害标本。

彩图请扫码

图 9.1　水稻矮缩病（吴建国提供）

图 9.2　玉米粗缩病（李洪连提供）

丛簇：植物根茎部位或其他生长点部位分蘖增多或簇生腋芽。观察水稻草矮病（图 9.3）和小麦丛矮病等病害标本。

彩图请扫码

瘤状突起或脉突：植物局部组织增生，如在叶背的叶脉或茎的维管束部分长出突起状物。观察水稻瘤矮病、水稻黑条矮缩病、南方水稻黑条矮缩病（图 9.4）、玉米粗缩病和扶桑曲叶病（图 9.5）等病害标本。

叶畸形：叶片发育异常，包括叶片变细长（线叶）、呈带状（带化）、变细变窄（蕨叶）和小叶等；叶畸形还表现为疱斑、皱缩、卷叶和缺刻等。观察马铃薯卷叶病、葡萄扇叶病和水稻锯齿叶矮缩病（图 9.6）等病害标本。

图 9.3　水稻草矮病（吴建国提供）

图 9.4　南方水稻黑条矮缩病（吴建国提供）

图 9.5　扶桑曲叶病

图 9.6　水稻锯齿叶矮缩病

畸果：果实变小或畸形。观察番茄黄化曲叶病果和感染了黄瓜花叶病毒的西葫芦病果等病害标本。

2. 花叶

叶片呈现浅绿、暗绿相间的症状。

花叶、斑驳和褪绿斑等：许多植物病毒病表现花叶症状，叶片颜色深浅不一。观察烟草普通花叶病（图 9.7）、黄瓜花叶病和玉米矮花叶病（图 9.8）等病害标本。

彩图请扫码

条纹、线条与条点：单子叶植物的叶脉间发生褪绿斑和点所形成的条纹、线条或条点症状。观察水稻条纹叶枯病（图 9.9）、水稻矮缩病（图 9.10）、水稻黑条矮缩病和小麦条点病等病害标本。

图 9.7　烟草普通花叶病（赖荣泉提供）

图 9.8　玉米矮花叶病（李洪连提供）

图 9.9　水稻条纹叶枯病（吴建国提供）

图 9.10　水稻矮缩病

明脉、镶脉：叶片的叶脉明亮（明脉）或沿脉发生褪绿或颜色加深（镶脉）。观察烟草花叶病、辣椒叶脉斑驳病和草莓镶脉病毒病等病害标本。

3. 变色

叶片颜色发生变化，如黄化、变红、变紫和变橙等。有时花瓣、果实和种子也表现变色症状。观察水稻黄矮病、水稻橙叶病、大豆褐斑粒和郁金香杂色综合征等病害标本。

4. 环斑

彩图请扫码

叶片或果实表面形成圆纹或同心环，有时表现为不规则的坏死线。观察烟草环斑病（图 9.11）、番茄环斑病、番木瓜环斑病（图 9.12）和槟榔坏死环斑病（图 9.13）等病害标本。

图 9.11 烟草环斑病（赖荣泉提供）

图 9.12 番木瓜环斑病（沈文涛提供）

图 9.13 槟榔坏死环斑病（坏死）（谢昌平提供）

（左：初期症状；右：后期症状）

5. 坏死

植物组织、器官或整株植株死亡。观察辣椒病毒病引起的叶脉坏死、叶柄坏死、茎坏死以至顶坏死等。

（二）植物病毒的内含体观察

用光学显微镜可检测出大多数植物病毒的内含体，方法较为简便，由于不经染色的内含体无色，不易和细胞成分相分辨，选用能快速穿透和均匀分布的染色剂可提高内含体的检测能力，有利于与寄主的成分相区别，如染色剂 O-G 和天青 A；另一些内含体较小或需研究其结构和组分时，则要借助于电子显微镜进行检测。在这里介绍利用光学显微镜和电子显微镜观察内含体的方法。

1. 光学显微镜观察内含体

（1）直接观察　以烟草普通花叶病株为例，撕取烟草病叶（黄绿相间部位）的表皮细胞进行内含体的观察。选择叶片背面表皮，最好邻近叶脉，用尖头镊子或刀片辅助撕下表皮，制作临时性玻片，在光学显微镜下观察 TMV 表皮细胞内无色透明的结晶状内含体（图 9.14）。

彩图请扫码

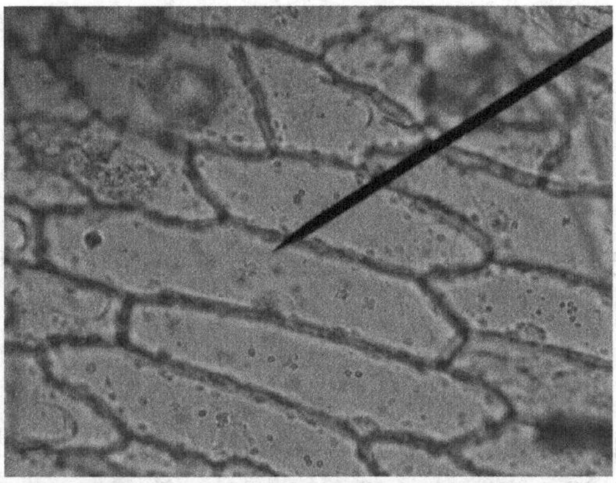

图 9.14　烟草花叶病毒的内含体

（2）染色观察　　采用染色剂 O-G 或天青 A 进行染色。撕取叶片背面叶脉表皮，在染色液中染色 5～10 min，95%乙醇去除染色液，洗涤 3 次，每次 10 s；将染色后的表皮制成临时性玻片，在光学显微镜下观察。各细胞成分和内含体的染色反应见表 9.1。

表 9.1　O-G 和天青 A 对细胞成分和内含体的染色反应

染色剂	细胞核	核仁	质体	细胞质	内含体
天青 A	蓝色	红紫色	无色	无色	淡红色和红紫色至无色（含有蛋白成分的内含体）
O-G	橙色	绿色	黄绿	黄绿	绿色至黄褐色

注意事项：O-G 对含有蛋白质的内含体有较好的检测效果。在用 O-G 染色时，染色的质体往往会掩盖小的内含体，尤其是对马铃薯 Y 病毒属的病毒，在 O-G 染色前可用 5% Triton X-100 溶液处理 5 min 除去质体，可提高内含体的检测效果。但用 Triton X-100 处理可能会解离内含体，如 TMV 的结晶状内含体和马铃薯 X 病毒属病毒（potexvirus）的带状内含体。

天青 A 可检验含核酸的内含体。在室温下能检测出绝大多数内含体，但要检测 TMV 的晶体内含体，则需在染色过程中 60 ℃预处理 1～2 min，才能使内含体着色。

内含体往往在表皮细胞含量较高，也易获得。如果是观察其他组织（如叶肉细胞）中的内含体，则要先用 2-甲氧基乙醇去除叶绿素和其他色素，染色的时间也要适当延长。

2. 电子显微镜观察内含体

取新鲜病叶组织小块，经戊二醛和四氧化锇固定、乙醇脱水、环氧树脂包埋、组织切片和乙酸双氧铀-柠檬酸铅染色等常规电镜制片步骤后，透射电镜观察内含体的形态、精细结构和组分。例如，马铃薯 Y 病毒属的马铃薯 Y 病毒（potato virus Y，PVY）、芜菁花叶病毒（turnip mosaic virus，TuMV）和菜豆花叶病毒（bean yellow mosaic virus，BYMV）等的内含体呈风轮状、卷筒状和片层状，TMV 结晶状内含体是细杆状病毒粒体的聚集体，颗粒状内含体则是核糖体、内质网、微管和病毒粒体组成的聚集物。

（三）植物病毒的鉴别寄主诊断

以 TMV 的鉴别寄主诊断为例，TMV 在普通烟上产生系统花叶，在心叶烟上产生局部枯斑，在黄瓜上不表现症状。将待检测的烟草病株汁液分别通过人工摩擦接种普通烟、心叶烟和黄瓜，根据其产生症状的有无和症状的类型进行病害诊断。

1. 病株汁液的制备

先用肥皂水将手清洗干净，取适量待检测的具典型症状的病叶，剪成小块，放在研钵中，加入少量水或 0.01 mol/L 磷酸缓冲液（pH 7.0），磨碎挤出汁液。

2. 摩擦接种

分别取健康普通烟苗、心叶烟苗和黄瓜苗数株，用水先将待接种的叶片冲洗干净（如有污物泥沙），晾干后均匀撒上少许金刚砂或硅藻土，左手托住接种叶片，用右手食指、研棒或齐头毛笔蘸取少量病株汁液，在接种叶片上单向地从叶基向叶尖方向轻轻摩擦 2 次，避免用力过大或弄破叶片。接种后，用清水轻轻将叶片上残留病汁液和摩擦剂冲洗干净。用水或磷酸缓冲液摩擦健株作为空白对照。在标签上注明接种日期、鉴别寄主和病毒名称等信息，同时要对接种叶做好标记。

3. 观察和记录

将接种的植株放在防虫温室或网室中，观察并记载发病情况。若接种的普通烟植株表现系统花叶（图 9.15）、心叶烟表现局部枯斑（图 9.16）、黄瓜不表现症状，则可初步诊断烟草感染 TMV。

彩图请扫码

图 9.15　TMV 接种普通烟

图 9.16　TMV 接种心叶烟（吴然提供）

四、作业与思考题

1. 观察植物病毒病害标本并描述其症状。

2. 观察光学显微镜或电子显微镜下植物病毒内含体的形态特征，并拍照。
3. 举例说明植物病毒的鉴别寄主诊断实验过程及其结果。
4. 植物病毒病害症状与其他病害症状有何异同点？
5. 试举例说明植物病毒内含体在病害诊断上的价值。
6. 人工摩擦成功接种植物病毒的关键有哪些？

实验十　植物病原线虫的形态特征观察

土壤中线虫种类很多，包括食菌线虫、捕食线虫、杂食性线虫、植物寄生线虫等类群。植物寄生线虫个体细小，需要用显微镜观察，其鉴定和分类是以形态学特征为主要依据，通常是以雌成虫的形态特征为主。大多数植物线虫为雌雄同形，蠕虫形，成熟雌虫和雄虫除生殖器官有差异外，其他的形态结构相似。少数线虫为雌雄异形，多为定居型线虫，其雌虫的虫体膨大为球形、柠檬形或肾形，雄虫仍为线状。

线虫虫体可分头、颈、腹、尾 4 部分，从头前端至口针基部球为头，包括唇部、口腔和口针；口针基部球至食道和肠连接处为颈，包括排泄孔、半月体和食道；食道与肠连接处至肛门为腹，主要包括消化系统和生殖系统，有阴门和肛门；肛门之后为尾，雄虫尾部含交合刺、引带及交合伞。线虫尾部形态变化很大，常作为鉴定线虫属、种的依据。

一、目的要求

通过实验观察，掌握区分植物病原线虫和自由生活线虫，区分植物病原线虫雌虫、雄虫、幼虫；学会观察植物病原线虫的基本形态结构并描绘；初步掌握常见植物寄生线虫属的分类特征，并能应用植物病原线虫常见属的分类检索表，为病原线虫的分类鉴定打下基础。

二、材料与用具

（一）材料

植物寄生线虫常见属和自由生活线虫的玻片标本；作物根结线虫病的新鲜根结及刚剖离的雌虫。

（二）用具

体视显微镜、光学显微镜。

三、实验内容和方法

（一）土壤中食菌、捕食线虫

显微镜下观察食细菌线虫小杆线虫（*Rhabditis* sp.）（图 10.1）、捕食线虫（图 10.2）的玻片标本，注意观察线虫口针有无、形态及食道类型，并与下述植物寄生线虫进行比较。

彩图请扫码

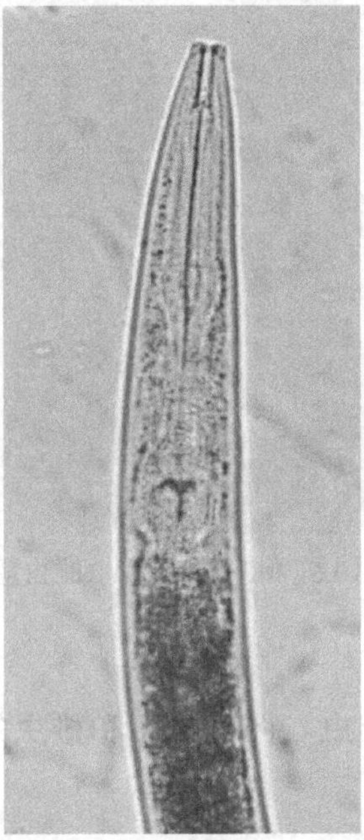

图 10.1　食细菌线虫小杆线虫的头部

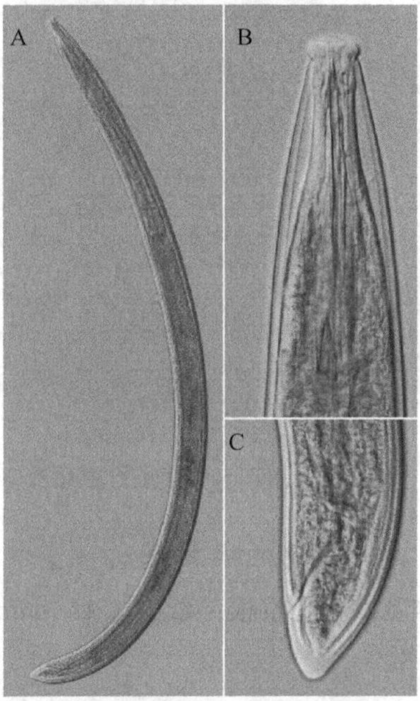

图 10.2　捕食型口针

（A. 整体图；B. 头部放人图；C. 尾部放大图）

（二）植物寄生线虫的整体形态观察

1. 雌雄同形的线虫

观察玻片中水稻潜根线虫（*Hirschmanniella oryzae*）雌虫和雄虫的形态，区分头、颈、腹、尾各部位，识别口针、食道体部、中食道球、食道腺、阴门、生殖管、肛门、排泄孔、泄殖孔、交合刺、引带等（图 10.3～10.6）。

彩图请扫码

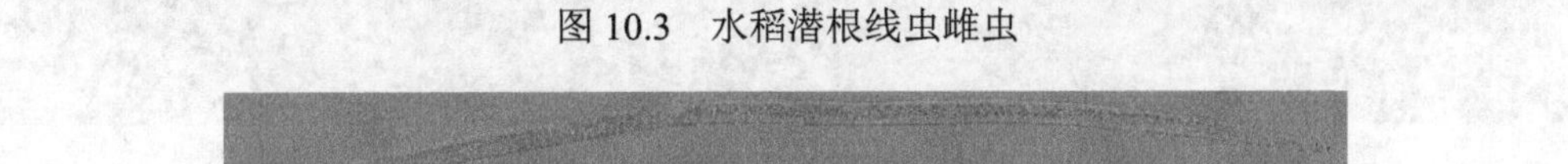

图 10.3　水稻潜根线虫雌虫

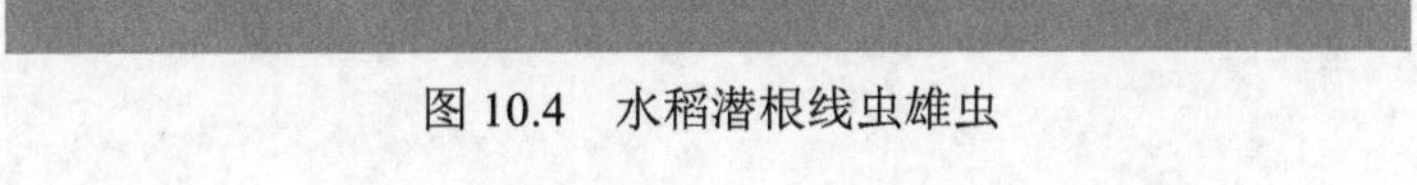

图 10.4　水稻潜根线虫雄虫

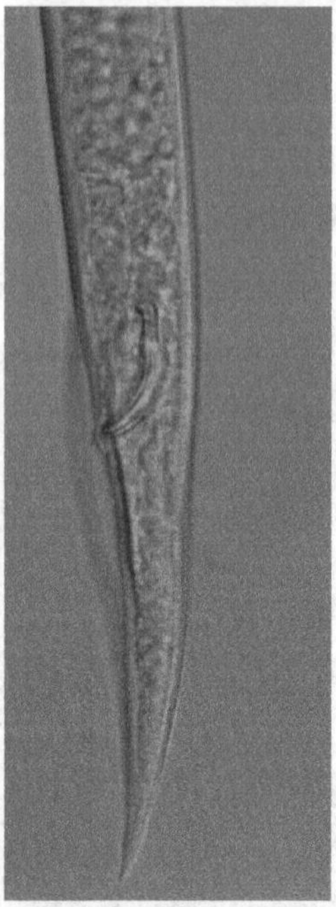

图 10.5　水稻潜根线虫雄虫尾部

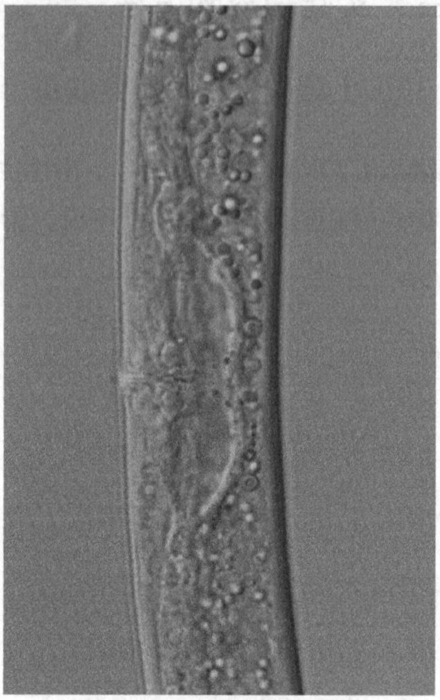

图 10.6　水稻潜根线虫雌虫阴门

2. 雌雄异形的线虫

彩图请扫码

体视镜下观察根结线虫（*Meloidogyne* sp.）剖离的雌虫（图 10.7）和雄虫的整体形态（图 10.8）。

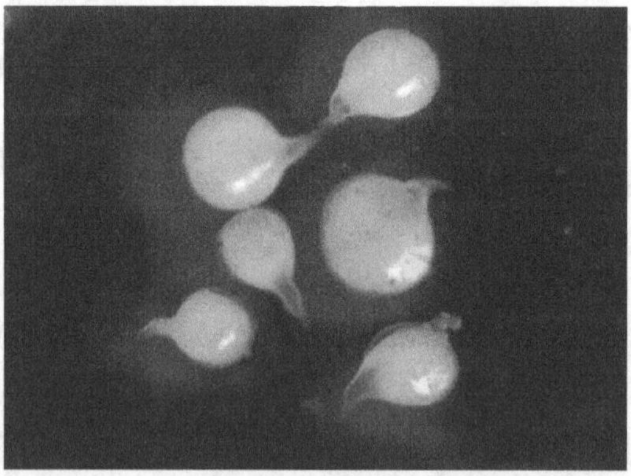

图 10.7　剖离的根结线虫雌虫整体

图 10.8　南方根结线虫雄虫

（三）植物病原线虫主要属的形态观察

1. 根结线虫属（*Meloidogyne*）

雌成虫：埋生于寄生根组织内，膨大呈梨形或球形。虫体前端有一突出的颈部，口针发达，基部球明显（图 10.9）。中食道球球形，瓣膜清楚，食道腺覆盖于肠的腹面及侧面。排泄孔位于中食道球前面。肛门和阴门位于虫体的末端。角质膜薄，有环纹。肛阴周围的角质膜形成特殊的会阴花纹（图 10.10），是分种的重要依据之一。阴门成裂缝状，位于虫体的末端。卵巢 2 个，几乎充满虫体，有受精囊。雌虫产卵于胶质卵囊（图 10.11）。

彩图请扫码

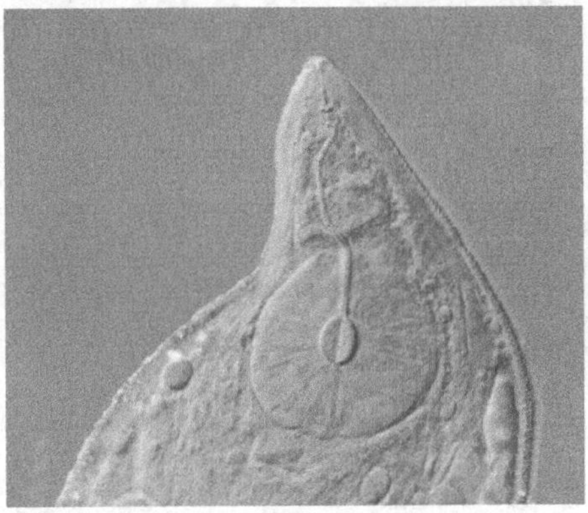

图 10.9 根结线虫雌虫前端

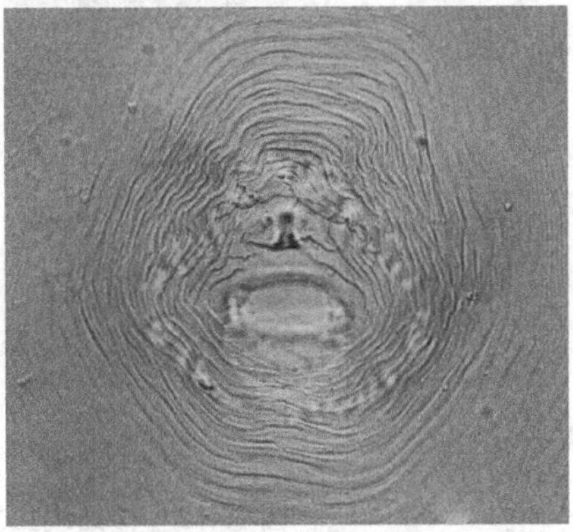

图 10.10 南方根结线虫会阴花纹

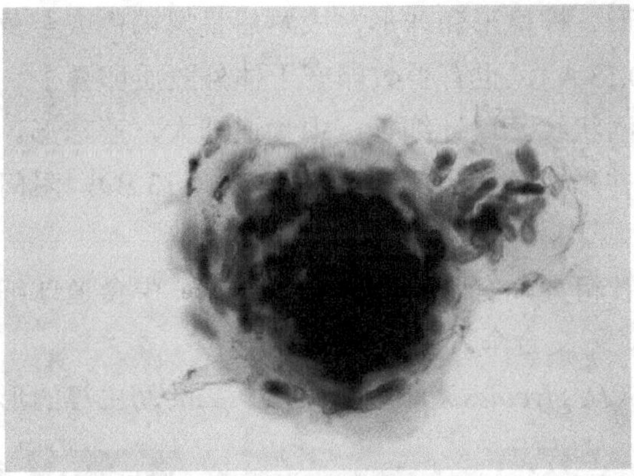

图 10.11 根结线虫卵囊

雄虫（图 10.8）：细长，圆筒形。口针和头骨架强大，食道体部圆筒形，中食道球纺锤形，峡部较短，食道腺呈长叶状覆盖于肠的腹面。交合刺发达，无交合伞；尾部短，尾尖钝圆。

彩图请扫码

二龄幼虫（图 10.12）：通常游离于土壤中，为侵染虫态。虫体纤细，口针纤细，小于 20 μm，排泄孔位于半月体之后。中食道球卵圆形，发达。尾呈锥状，末端有明显的透明区。二龄幼虫的体前部及尾尖的形态是该属分种的重要依据之一。

观察南方根结线虫（*M. incognita*）或其他种的雌虫和雄虫形态特征。

A B

图 10.12 根结线虫二龄幼虫整体观（A）和尾部（B）

2. 孢囊线虫属（*Heterodera*）

彩图请扫码

未成熟雌虫体呈梨形、柠檬形和球形，成熟后呈黑褐色或金黄色。大多数种的全部卵都保留在孢囊内（图 10.13 A），也有少数卵产于体外胶质卵囊中。虫体具有突出的颈部。虫体无环纹或侧线，具网状纹。口针细长，中食道球大，亚球形。双卵巢，卷曲，几乎充满体腔。阴门和肛门合并形成一突出的阴门锥（图 10.13 B），阴门裂两侧有 2 个透明区，为阴门窗。

雄虫虫体线形，口针粗大，有明显的口针基部球。中食道球细弱。食道腺从腹面覆盖肠的前端。交合刺发达，无交合伞。尾钝端圆、极短。

观察大豆孢囊线虫（*H. glycines*）雌虫、雄虫、二龄幼虫等的形态特征。

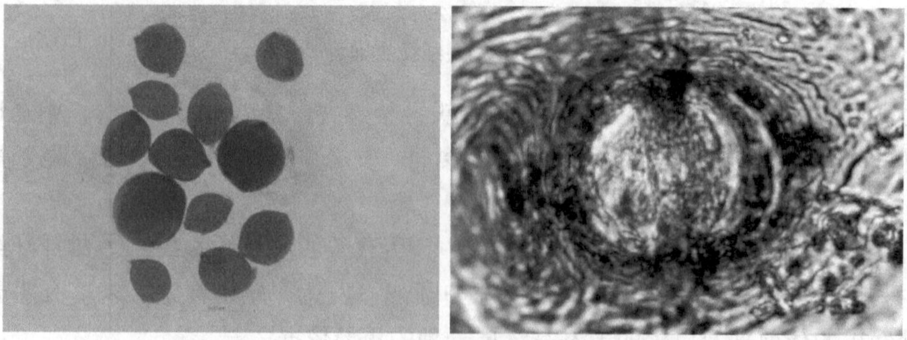

A B

图 10.13 孢囊线虫孢囊（A）和阴门锥（B）

3. 根腐线虫属（*Pratylenchus*）

雌虫（图 10.14 A，B）：小型线虫，蠕虫形，温热杀死后虫体稍朝腹面弯曲。头部低、扁平，头架骨质化明显，头部与虫体相连、无缢缩。口针有明显的基部球。中食道球发达，蛱部短，后食道腺覆盖于肠前端腹侧面。阴门位于虫体体长 70%～80%处，单卵巢前伸，有后子宫囊。尾圆柱形或圆锥形，尾端宽圆。

彩图请扫码

雄虫（图 10.14 C）：比雌虫稍小，但形态相似，尾部较短，锥形，交合伞包至尾末端。

观察咖啡根腐线虫（*P. coffeae*）的形态特征。

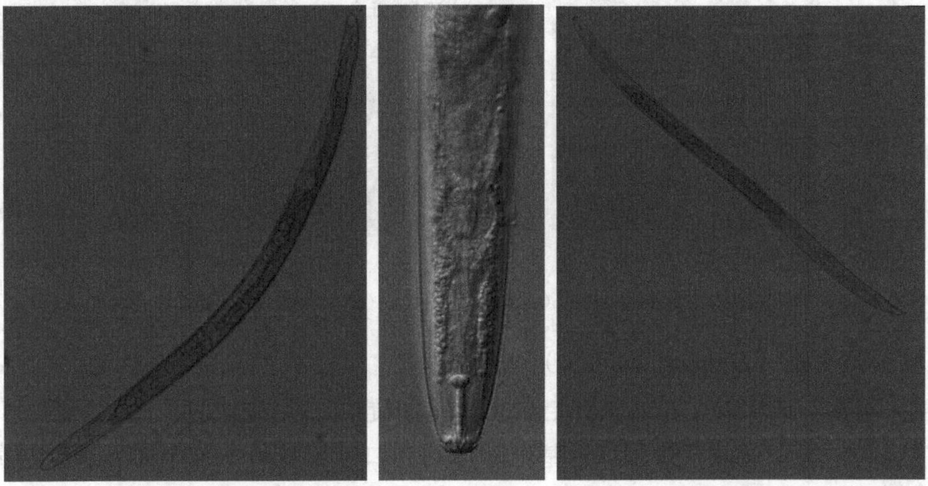

A B C

图 10.14 根腐线虫雌虫整体观（A）、雌虫头部（B）和雄虫整体观（C）

4. 潜根线虫属（*Hirschmanniella*）

雌虫（图 10.3 和图 10.6）：虫体细长，体长 1～4 mm，加热杀死后直伸或稍弯曲。头部不缢缩，头架显著，口针强壮，口针基部球大、圆。中食道球发达，卵圆形，瓣膜显著，食道腺细长叶状，覆盖于从肠的腹面。阴门横裂，位于体中部。双生殖管，对生、平伸；尾呈长锥形，常有端生尾尖突。

雄虫（图 10.4 和图 10.5）：除了生殖系统外，其他形态特征似雌虫，交台伞向后延伸超过尾部的 2/3，但不延伸到尾端。

观察水稻潜根线虫（*H. oryzae*）的形态特征。

5. 茎线虫属（*Ditylenchus*）

虫体细长，缓慢加热后直伸或向腹稍弯曲（图 10.15 A，B）。头骨质化弱，口针中等、有小的基部球。中食道球肌肉发达，峡部渐膨大至形成后食道球，可以延伸为叶状覆盖肠。阴门位置常在虫体的后部；单生殖管朝前直伸，有后阴子宫囊。尾部长、圆锥形。

彩图请扫码

雄虫交合伞翼状，不包至尾尖；交合刺弱。尾圆锥形，常向腹弯曲（图 10.15 C）。

观察甘薯茎线虫（*D. destructor*）的形态特征。

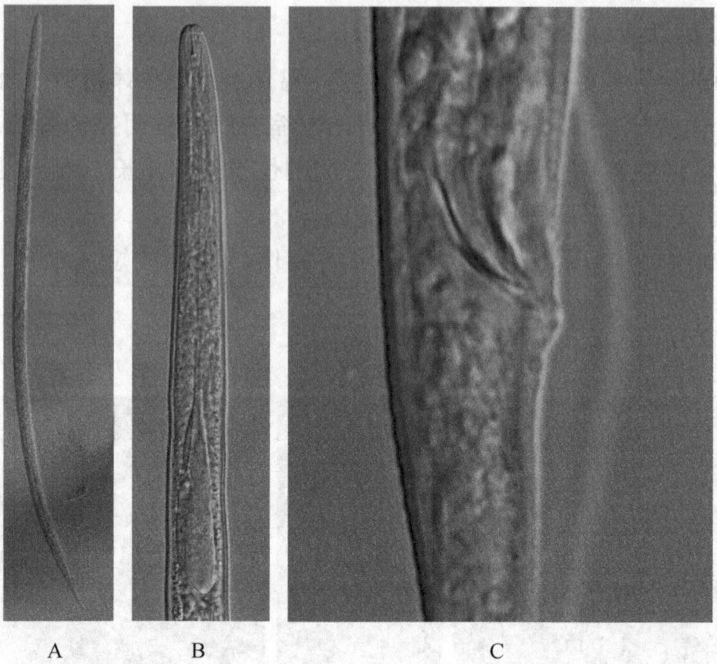

图 10.15　甘薯茎线虫雌虫整体观（A）、线虫前部（B）和雄虫交合刺与交合伞（C）

6. 螺旋线虫属（*Helicotylenchus*）

彩图请扫码

雌虫：虫体小或中等，温热杀死后，虫体呈螺旋形，头部半球形，不缢缩，头骨架强壮。口针强大，背食道腺开口到口针基部球后约为口针长度的 25%～50%。食道腺叶大部分覆盖于肠的腹面。阴门位于虫体中部，裂缝状；双生殖管，对生，直伸。尾短，向腹面弯曲，尾端锥形或半球形，末端可能有一尾突。侧尾器口小，圆点状（图 10.16）。

雄虫：尾短，交合刺发达，弓状，交合伞包至尾端。

观察双宫螺旋线虫（*H. dihystera*）的形态特征。

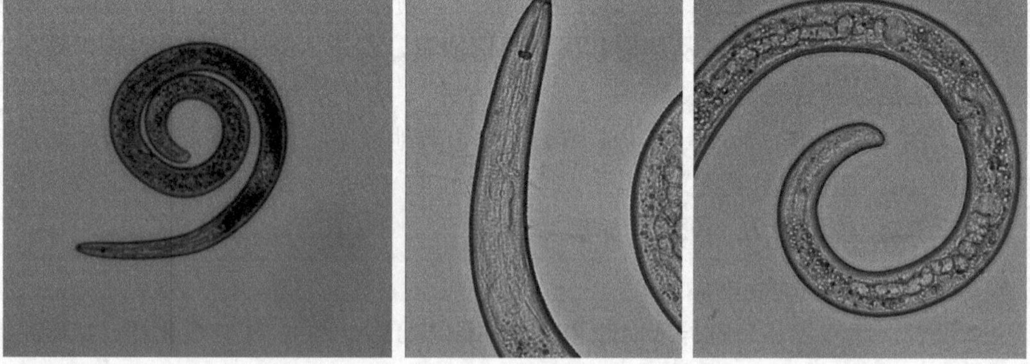

图 10.16　双宫螺旋线虫整体观（A）、线虫前部（B）和线虫后部（C）

7. 矮化线虫属（*Tylenchorhynchus*）

虫体为蠕虫状小型线虫，经温热杀死后向腹面弯曲。头部不缢缩或稍缢缩，头架弱至中等骨化。口针纤细，具有圆形小基部球；中食道球椭圆形，具有骨化瓣门；后食道腺为袋状与肠平接，极少覆盖；角质膜有细微环纹；阴门横裂，位于虫体中部，双生殖管对生。雌虫尾为圆锥形或近圆筒形，尾端钝圆，尾尖向腹面弯曲（图 10.17 A～C）。

彩图请扫码

雄虫尾部圆锥形，交合伞包至尾端（图 10.17 D）。

观察饰环矮化线虫（*T. annulatus*）的形态特征。

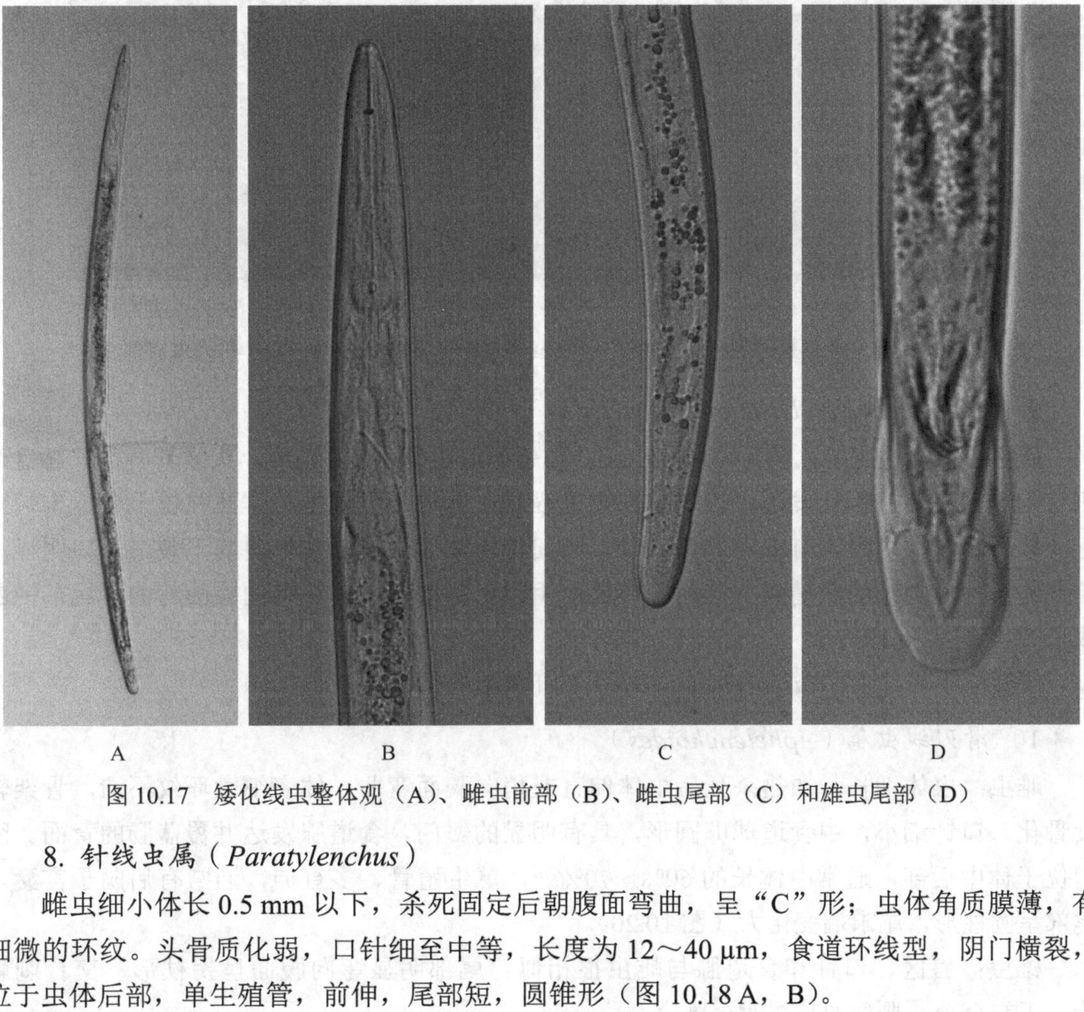

A　B　C　D

图 10.17　矮化线虫整体观（A）、雌虫前部（B）、雌虫尾部（C）和雄虫尾部（D）

8. 针线虫属（*Paratylenchus*）

雌虫细小体长 0.5 mm 以下，杀死固定后朝腹面弯曲，呈“C”形；虫体角质膜薄，有细微的环纹。头骨质化弱，口针细至中等，长度为 12～40 μm，食道环线型，阴门横裂，位于虫体后部，单生殖管，前伸，尾部短，圆锥形（图 10.18 A，B）。

彩图请扫码

雄虫细小，口针和食道退化，交合刺窄，无交合伞（图 10.18 C，D）。

观察突出针线虫（*P. projectus*）的形态特征。

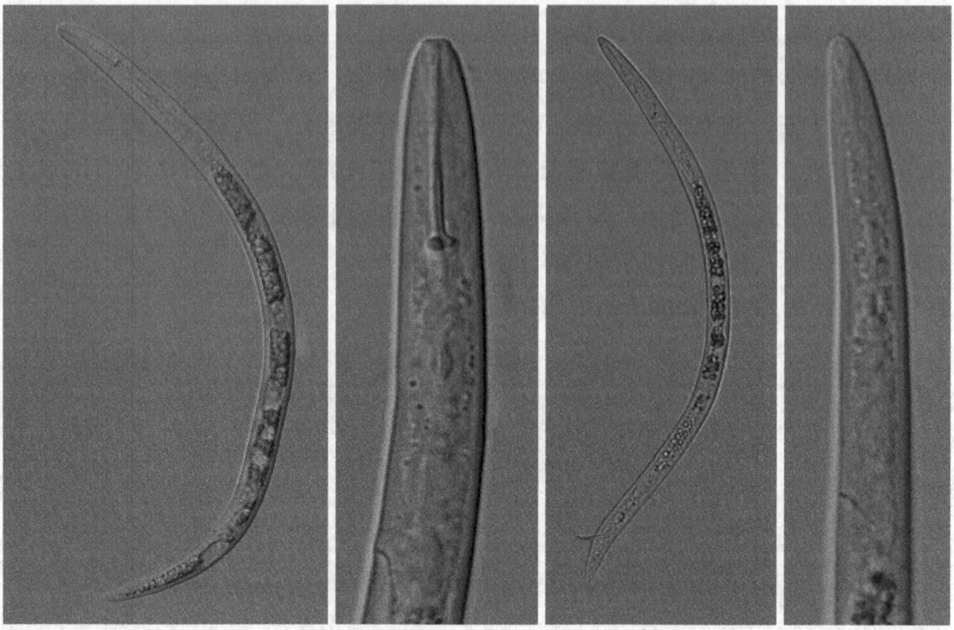

图 10.18　针线虫雌虫整体观（A）、雌虫前部整体（B）、雄虫整体观（C）和雄虫前部（D）

9. 盘小环线虫属（*Discocriconemella*）

彩图请扫码

雌虫虫体短小肥胖，长 180～490 μm，热杀死后虫体呈“C”形；头区具唇盘，唇盘两侧有侧器孔；口针粗壮发达，口针基部球呈锚状；食道为环线型；排泄孔位于食道末端附近。体环明显，边缘饰有细密的齿状纹。阴门位于体后部，沿虫体斜向下裂，开口明显；单个卵巢，椭圆形的贮精囊；肛门不明显；阴门后部似圆锥形，略向腹面弯曲；尾端钝圆或呈裂状（图 10.19）。

观察盘小环线虫（*Discocriconemella*）的形态特征。

10. 滑刃线虫属（*Aphelenchoides*）

雌虫：虫体细长，加热杀死后虫体伸直或稍向腹面弯曲，体表细微环纹不清，骨架轻度骨化。口针细小，中食道球卵圆形，具有明显的瓣门，食道腺发达并覆盖肠的背面。阴门位于体中后部，通常中体长的 60%～70%处，单生殖管、多直伸，通常有后阴子宫囊。尾部呈圆柱形，尾末端变化大（图 10.20）。

雄虫：唇区、口针和食道腺与雌虫很相似。尾部明显弯向腹面呈拐杖形，交合刺棘状，无交合伞，典型的有 3 对尾乳突。

观察贝西滑刃线虫（*A. besseyi*）或居肥滑刃线虫（*A. composticola*）的形态特征。

11. 长针线虫属（*Longidorus*）

虫体细长，体长 2～11 mm；齿针针状，长度为 44～180 μm，口基部延伸物发育极弱，口针前部围有一个明显的单导环食道前体部窄，圆柱状（图 10.21 A）；后食道短宽，肌肉质，圆柱形与肠相接。侧器大、袋状，侧器口为小孔状，开口于唇基部。雌虫阴门位于虫体中部；双生殖管对生，尾部短，钝圆或圆锥形（图 10.21 B）。

雄虫有厚实的、香蕉形的交合刺，无引带和交合伞。尾部有明显的交合肌，尾后部朝腹面弯曲，尾后部有明显的腹辅助乳突（图 10.21 C）。

观察长针线虫的形态特征。

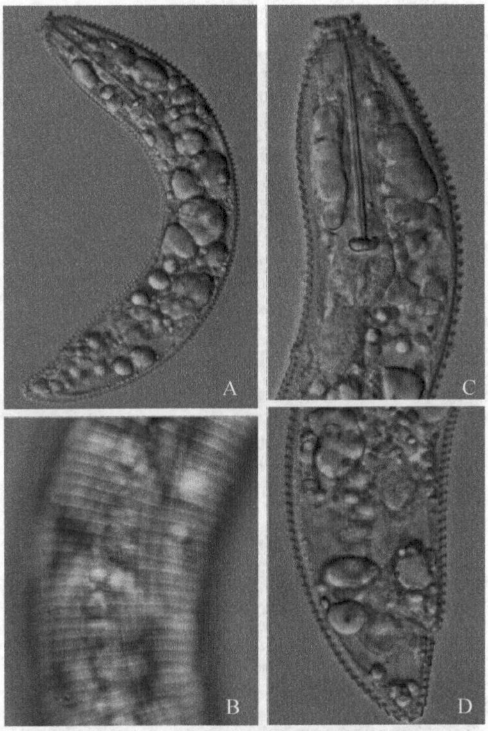

图 10.19　盘小环线虫雌虫整体（A）、体中部体环（B）、雌虫体前部（C）、雌虫尾部（D）

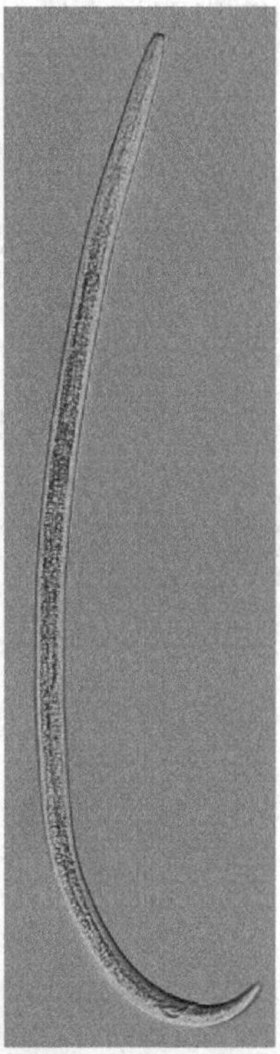

图 10.20　滑刃线虫

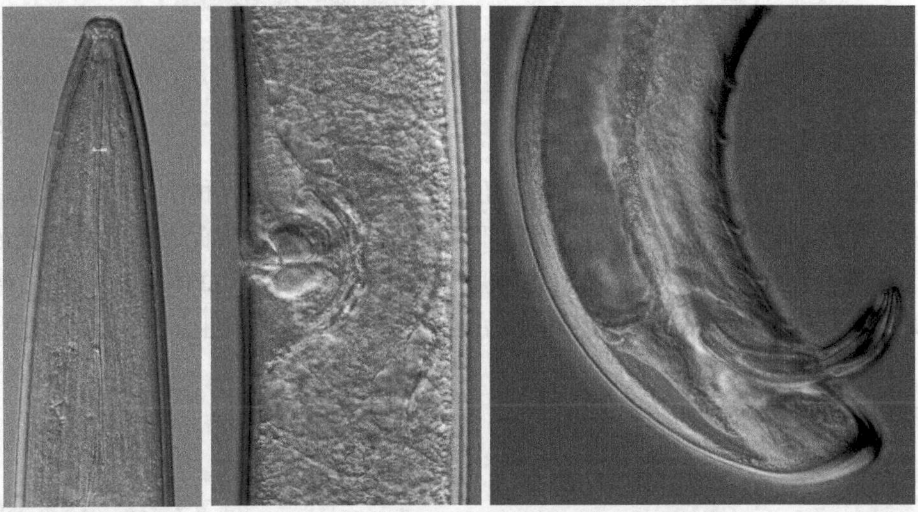

A　B　C

图 10.21　长针线虫口针（A）、雌虫阴门（B）和雄虫交合刺（C）

12. 剑线虫属（*Xiphinema*）

彩图请扫码

雌虫：与长针线虫有些相似，主要区别是侧器为漏斗形袋状，侧器开口为宽裂缝状。口针基部分叉与齿舌相连接，齿舌发达，具明显的凸缘导环位于齿针后半部。阴门位于虫体中部；双生殖管对生。尾部短，形状变化大，钝圆至长锥形（图 10.22）。

观察剑线虫的形态特征。

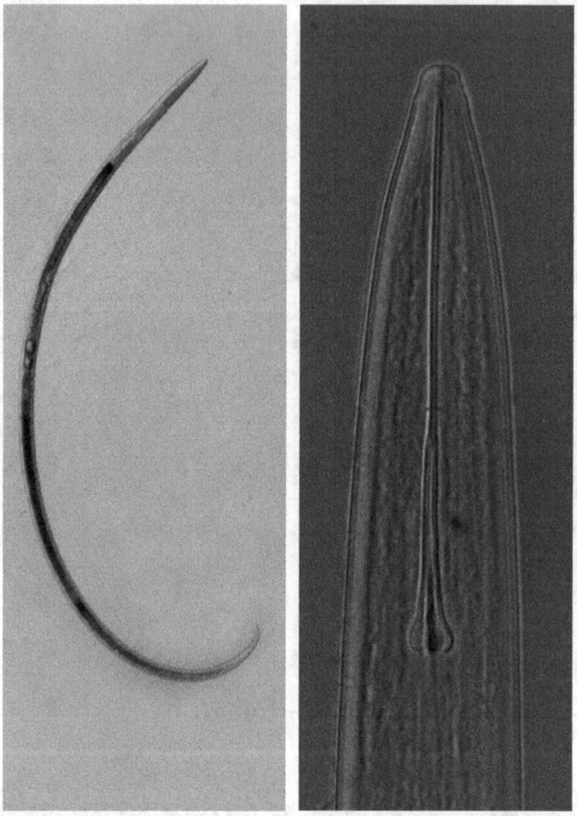

A B

图 10.22 剑线虫整体观（A）和口针（B）

13. 拟毛刺线虫属（*Paratrichodorus*）

彩图请扫码

虫体粗短，经过热杀死后虫体伸直，角质层明显膨胀。头部稍微缢缩，圆形；瘤针向腹面弯曲，弓形，前部有诱导环。食道前部窄，后部膨大，肠从食道球背面短覆盖于食道球末端，排泄孔位于食道球前部。双生殖腺且对生；阴门位于虫体中部，骨化结构，卵圆形；阴道短，伸至体宽 1/3，无侧体孔；无受精囊。肛门亚端生或近端生，尾端近钝圆（图 10.23）。

观察拟毛刺线虫的形态特征。

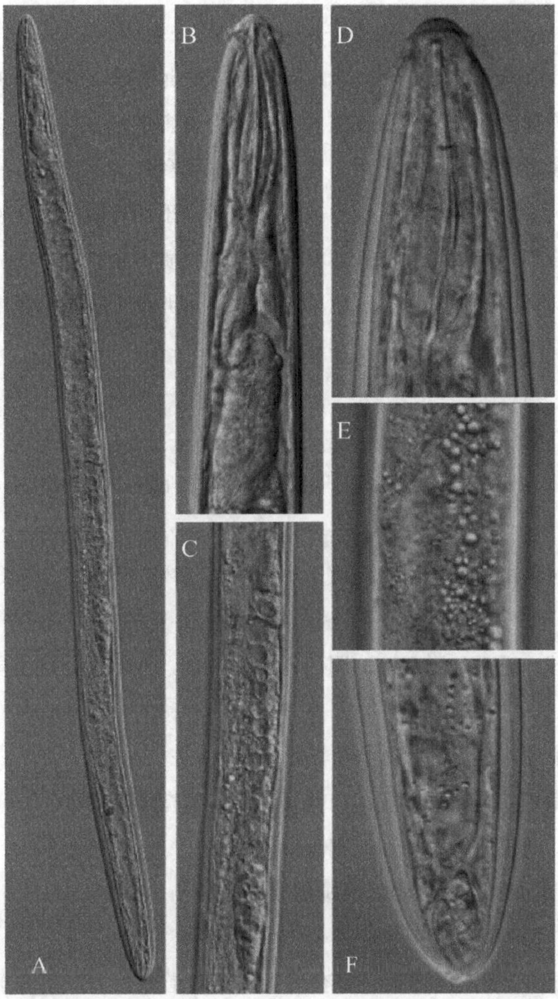

图 10.23　拟毛刺线虫雌虫整体（A）、雌虫体前部（B）、雌虫生殖腺（C）、雌虫头区（D）、阴门（E）和雌虫尾部（F）

四、作业与思考题

1. 绘腐生线虫的头颈部结构，尤其注意口针有无及食道类型。

2. 绘水稻潜根线虫（*Hirschmanniella oryzae*）的雌虫绘雌虫整体图和雄虫的尾部特征，并要注明各个部位。

3. 绘根结线虫的雌虫及雄虫体形图。

4. 绘长针线虫、剑线虫、毛刺线虫头颈部，注意口针及食道类型。

植物寄生线虫常见属检索表

1. 食道分三部分，中食道球通常有瓣膜，有峡部和腺质后食道部；口针一般有基部球……………………2

　食道分两部分，前部细、后部宽，无中食道球；口针无基部球，可能有膨大的延伸部…………22

2. 口针基部球明显，背食道腺口位于食道前体部口针基部球后；中食道球小于 3/4 体宽………………

……垫刃总科 3

口针基部球小，背食道腺开口于中食道球内瓣膜前，中食道球宽度大于 3/4 体宽 ……滑刃总科 20

3. 食道前体部与中食道球明显分开，后食道发达（垫刃型食道）…………………………………………4

中食道球增厚并与食道前体部愈合，后食道小（环线型食道）…………………………………………16

4. 雌雄异形，雌虫膨大、定居型寄生于根内或根上；卵产于体外胶质混合物中或留在体内 …………5

雌虫和雄虫均为蠕虫形；雌虫将卵产于体外，不产于胶质混合物中 …………………………………6

5. 雌虫白色，梨形或球形，不形成孢囊，角质膜中等厚，卵产于胶质卵囊中 ………………根结线虫属

雌虫虫体形成硬而坚韧的孢囊，孢囊呈梨形、柠檬形 ……………………………………………孢囊线虫属

6. 头部骨质化无或弱，口针细小 ……………………………………………………………………………7

头部骨质化明显，口针中等或强壮 ………………………………………………………………………8

7. 后食道球明显，通常与肠平接，阴门位于虫体中后（V=60～70）；尾细长，通常大于阴门体宽处的6 倍 ……………………………………………………………………………………………………垫刃线虫属

后食道球明显，有时稍覆盖肠上；阴门位于虫体后部（V=75～85），尾长锥形，稍向腹面弯曲 ………茎线虫属

8. 食道腺围成后食道球，通常与肠平接，阴门在虫体中部，双卵巢；雌虫尾呈圆柱状、末端钝圆；角质膜环纹粗……………………………………………………………………………………………矮化线虫属

食道腺不围成后食道球，呈耳叶状重叠于肠前端 ………………………………………………………9

9. 雌虫唇区低，前端扁平或圆、基部宽；口针发达，为体宽 1/2～3/5………………………………………10

雌虫唇部高或隆起，凸锥形、半球形或宽圆形 …………………………………………………………12

10. 阴门在虫体后部，单卵巢，食道腺明显覆盖于肠腹面……………………………………短体线虫属

阴门在虫体中部，双卵巢……………………………………………………………………………………11

11. 大型线虫，体长 1～4 mm，尾端尖、常有尾尖突；食道腺长大，覆盖于肠的腹面；雄虫与雌虫相似，食道不退化……………………………………………………………………………………………潜根线虫属

小型线虫，体长 0.5～1.0 mm，尾端圆、无尾尖突；食道腺大，覆盖于肠的背面；雄虫唇区缢缩呈球形，食道退化………………………………………………………………………………………………穿孔线虫属

12. 雌虫双卵巢；尾部较长，尾长度至少为肛部体宽 2 倍；侧尾腺口小、孔状，位于尾部；头部突出，缢缩、有唇盘…………………………………………………………………………………………刺线虫属

尾部较短，尾长度不超过肛门部体宽 2 倍；侧尾腺口小、孔状，位于肛门部；或侧尾腺口大、位置不定……13

13. 侧尾腺口小、孔状，位于肛门部…………………………………………………………………………14

侧尾腺口大，位于虫体不同部位……………………………………………………………………………15

14. 食道腺叶通常大部分覆盖于肠的背面…………………………………………………………盘旋线虫属

食道腺叶通常大部分覆盖于肠的腹面…………………………………………………………螺旋线虫属

15. 侧尾腺口位于尾部或肛门附近，相对或近相对………………………………………………盾状线虫属

侧尾腺口位于虫体前、后部，唇区常有纵纹，体长 1～2 mm；口针极发达，口针基部球有前突，头架坚实………………………………………………………………………………………………纽带线虫属

16. 雌虫角质膜有细环纹……………………………………………………………………………………17
雌虫角质膜有明显的粗体环，体环后缘有时具有刺状、鳞片状或膜状附属物，有的具角质膜鞘·18
17. 雌虫小，虫体细至粗短，阴门位于虫体后端………………………………………………针线虫属
雌虫后部膨大，排泄孔位于虫体中后部，在根上半定居寄生………………………半穿刺线虫属
18. 雌虫粗短，纺锤形；体环一般在200个以下，口针基部球锚状…………………………………19
雌虫虫体较细，口针基部球为球形、前缘后倾；虫体有角质膜鞘…………………………鞘线虫属
19. 成熟雌虫有明显的角质膜鞘……………………………………………………………………拟鞘线虫属
雌虫无角质膜鞘，体环后缘有附属物，体环极粗、有后伸的角质膜刺或鳞片……………环线虫属
20. 雌虫尾部钝，雄虫有交合伞和引带…………………………………………………………真滑刃线虫属
雌虫尾部圆锥形…………………………………………………………………………………………21
21. 尾部有或无尾尖突，侧带有2～4条沟纹；雄虫有交合伞和引带；和昆虫（天牛）有联系 …………
……………………………………………………………………………………………………伞滑刃线虫属
尾部具有1至多个尾尖突，侧带有2～4条沟纹；雄虫无交合伞和引带 …………………滑刃线虫属
22. 口针短、弯曲；雌虫双卵巢，直伸；虫体粗短………………………………………………三矛目23
口针长、直；虫体细长…………………………………………………………………………………矛线目24
23. 阴道伸至体宽一半，肌肉质发达；在阴门前后一个体宽距离内有侧体孔；在固定液中固定时角质膜不膨胀……………………………………………………………………………………………毛刺线虫属
阴道伸至体宽1/3，无侧体孔；固定液中固定时角质膜膨胀 ……………………………拟毛刺线虫属
24. 口针极长、有基部骨质化凸缘，导环位于口针与基部凸缘连接处之前………………………剑线虫属
口针极长、无基部骨质化凸缘，导环位于口针前部的针尖附近…………………………………25
25. 侧器孔微小、孔状………………………………………………………………………………长针线虫属
侧器孔宽、缝状……………………………………………………………………………………拟长针线虫属

综合性或设计性实验部分

实验十一　植物病害标本采集与制作

植物病害标本是对其症状的最直观的记载和描述。所以，在进行植物病害的教学或研究过程中，植物病害标本的采集和制作是首要的工作。室外采集标本是获取植物病害标本的重要途径，也是熟悉植物病害的症状，了解植物病害发病情况的最好方式。植物病害的发病时期与植物的生育期及当地的气候条件和生产条件有着密切的关系，所以在采集标本前应对某种植物病害的发病条件有着比较清楚的了解。首先，应明确在当地的气候条件和生产条件下，某种植物病害的始发期和盛发期，某种植物病害主要在植物的哪一个生育期间发病，以及某种植物病害主要发生在哪些品种上等。

标本采集之后，除需要及时进行分离和鉴定的标本外，其余的一般都要经过制作之后保存起来，以备日后需要时能较为方便地观察植物病害的症状、进行导致病害的病原物分离和鉴定，或是在教学过程中供观察和识别。标本的制作是为了稳妥地保存。无论用干燥制作法保存标本，还是浸渍制作法保存标本，都是为了减缓所保存标本变质的速度或不使其腐烂霉变。同时，也是为了使标本尽量保持其原色，延长标本使用时间。

一、目的要求

学会采集植物病害标本的基本方法。通过制作常见的叶片和果穗等干标本以及柔嫩果实的浸渍标本，学习并掌握标本干燥制作和标本浸渍制作的基本方法。

二、标本采集和制作的用具

（一）采集标本的用具

标本夹、标本纸、标本箱、照相机（数码照相机或录像机）、剪刀、修枝剪、高枝剪、手锯、手铲、纸袋、标签、手持放大镜及采集记录本、GPS 定位仪等。

1）采集箱用于临时收存新采集的果实等组织柔软多汁的标本，是由铁皮制成的扁圆箱，内侧较平，外侧较鼓，箱门设在外侧，箱上设有背带。

2）标本夹是用来翻晒、压制标本的木制夹，由两片对称的上面平行排列宽度为 3 cm 左右、条间距约 5 cm 的木条组成的栅栏状板。每块板在接近上下端处钉一根厚实的方木条，木条端部向外突出约 5 cm 长，以便于用绳捆绑标本夹。标本夹上应附有约 4 m 长的一条绳子。

3）标本纸主要用来吸收标本的水分，使标本逐渐干燥。一般用草纸或麻纸作标本纸，它们的吸水性较好。旧报纸也可代替，但因其上有油墨吸水性较差。

4）修枝剪主要用于剪取较硬或韧性较强的枝条，高处的枝条要使用高枝剪，难于折断的枝干则要借助手锯。手铲用来挖掘地下患病植物器官（如根、块根、块茎等）。

（二）制作标本用具及试剂

剪刀、标签、标本瓶、玻璃瓶、玻璃板、塑料绳、水浴锅等加热装置、水、硫酸铜试剂、明胶、石蜡等。

三、实验内容和方法

（一）标本的采集

1. 标本的摄影

典型症状或首次见过的植物病害，首先要通过摄影将病害症状的自然状况记录下来。

2. 采集

病叶用剪刀剪取植物上发病的叶片，如稻瘟病的病叶、马铃薯晚疫病的病叶、莴笋霜霉病的病叶、南瓜白粉病的病叶及桃褐锈病的病叶等，装入采集夹中。尽量剪取整个病叶，同时，对于每一片叶上的病斑，在颜色、大小以及形状方面都应较为一致。

（1）病穗　用剪刀剪取稻曲病的病穗、小麦赤霉病的病穗及大麦坚黑穗病的病穗等，装入采集筒中。对于黑粉类的病穗，每种病穗要及时放入小的采集袋中，同时注意隔离，以防散落黑粉与不同病穗间相互混杂。

（2）病果　用剪刀剪取柑橘溃疡病的病果、番茄早疫病的病果、辣椒炭疽病的病果以及桃褐腐病的病果等，装入采集筒中。对于此类标本，特别是对于像番茄一类多汁的病果，要特别加以注意，应先以标本纸分别包裹后，置于采集筒（箱）中，以防相互挤压而变形。

（3）病根　用铁铲挖取茶根结线虫病、红麻根结线虫病以及桃根癌病等的病根，装入采集筒中。在挖取此类病害标本时，要注意挖取点的范围要稍为大一些，以保证取得整个根部。同时，对于像红麻根结线虫病一类的病根，在除去根须上的泥土时，操作要谨慎，保证其根须上的虫瘿不散落。

一般情况下，各种病害的标本最好采集 10 份以上。对于较薄的较易失水的叶片，如水稻和小麦的叶片，在采集时应随时携带废旧的书或吸水纸，随采随压，以免叶片迅速打卷而不易展开。

提示：在采集病斑类的叶片标本时，一个叶片上应只有一种类型的病斑。尤其是在各种病害混合发生时，采集标本更需进行仔细选择；对于真菌性病害，标本应带有子实体

（霉层、点状物、锈状物等），不然回到室内后鉴定将非常困难。

3. 采集记录

采集时，要随时做标记。临时标签上一般应记录如下项目：①寄主名称：俗名和学名都有时应同时记下。②采集时间：一般记录年、月、日。③采集地点：一般记录到省、市（县）即可，需要时也可记录到镇等。④海拔高度：按海拔仪指示记录。⑤生态环境：按照山坡地、平坦地、沼泽地；砂质土、肥沃土等记录。⑥采集序号：一般按照采集时间的先后顺序记录。

提示：寄主名称如有不清楚的，能及时在当地问明最好；如不能，应及时记下采集地的位置以及寄主的一些主要性状，以备鉴定时参考。必要时还应将寄主的花、果实以及其他部位标本一起采下，以便凭借寄主的标本对该寄主进行分类鉴定。

4. 标本的携带

茎或叶片类的标本田间采集后放入采集袋中，每一种病叶装入一个小袋后，最好再套一个大一点的袋子；对于根或果实类的标本，各种标本在装入采集筒之前应分别用小袋装好密封或用纸包裹好，然后，再装入采集筒中。对于黑粉类的标本（如小麦散黑穗病和大麦坚黑穗病的病穗），或腐烂类的标本（如柑橘绿霉病病果等），要特别注意，标本间不要相互接触沾污，否则对于病原的鉴定和病害的诊断会有影响。

（二）标本的整理

对田间采集的标本，首先要在室内进行标本的取舍和初步的整理。对于有典型症状的同一种病害标本应尽量保留。同时，对于真菌性病害，在发病部位应带有子实体，叶片或果实要保持完整。在整理时应使其形状尽量恢复自然状态。对于采集到的比较稀少的标本，如果症状不典型，或暂时观察不到子实体，也不要舍弃。应该同样制作成标本，以备日后采取措施进行鉴定。如果外出采集，每天晚上都要将当天采集的标本进行整理、压制，第 2 天及时换纸或晾晒，防止霉变。

（三）标本的制作

1. 腊叶标本的制作

（1）含水量小的标本的压制　对于水稻、小麦和大麦等植物，其叶片比较薄，这类叶片病害标本，可立即进行压制。在压制时，标本间的吸水纸最好要多放几层，每层至少 3～5 张吸水纸，以利于标本中水分快速散失。

（2）含水量大的标本的压制　对于甘蓝、大白菜、马铃薯等植物，其叶片比较厚，不易失水，最好置于吸水纸上，放在通风处或冰箱保鲜层内，经过一段时间（1～2 d）将表面水分晾干，内部水分自然散失一部分，然后再进行压制。自然散失水分的时间不宜过长，在具体操作时，最好是在叶片将要卷曲但还未卷曲时进行压制。

（3）附临时标签　在压制时，每份标本都要附上临时标签，标签随着标本压在吸水纸之间。临时标签记载项目不必过多，只需记录寄主名称和顺序号即可，以防标本间相互混杂。写临时标签时，应使用铅笔记录，以防受潮后字迹模糊，影响识别。

（4）标本整理　在第 1 次换纸前，要对标本进行形状整理，尽量使其舒展自然。在整理时，要十分小心。特别对于比较柔嫩的植物标本，更应多加注意，以免破损。

（5）换纸　一般情况下，第 1 周内每天换干燥的吸水纸 1 次，以后可隔天 3～4 d 换纸，视情况而定，直至标本完全干燥为止（晴好天气，一般经过 10 d 左右即可完全干燥）。在换纸时，注意不要遗失临时标签；要特别注意不要重复使用已污染了的纸张；对于完全干燥的标本，移动要特别小心，以防破碎。

（6）果穗及较粗大茎的标本的干燥　这类标本应置于朝阳（但应避免强光直射）通风处，置于吸水纸上，进行自然干燥。同时，也要定期进行翻动，使其整体较为均匀地干燥。对于此类标本的干燥，开始时就要选择在比较宽敞的空间内进行，以免其整个形状被挤压而发生变形。

（7）装袋保存　用重磅道林纸（也可用牛皮纸，对于不用作交流的标本，也可用报纸代替），折成纸袋如下图，纸袋的大小可据标本的大小而定，其折叠方式也可据标本的不同形状而做适当的改进。

（8）贴标签　在装袋时，要随时贴上正式标签。标签的大小和格式要一致，标签应贴在其右上角的位置。

2. 浸渍标本的制作

此法制作的标本易保持标本原来的形态和色泽，但保存的时间有限，且需占用比较大的空间。一般用于制作教学和示范标本。

（1）浸渍标本的保存　浸渍标本一般保存在标本瓶、广口瓶中。浸渍标本最好置于暗处，以减缓药液的氧化，或防止气温过高时瓶口碎裂。瓶口要密封，临时性封口时，可用蜂蜡、松香和凡士林配成的混剂封口；永久性封口时，可用酪蛋白和消石灰配成的混剂封口，也可用明胶、重铬酸钾和熟石膏调制而成的混剂进行永久性封口。下面以硫酸铜-亚硫酸浸渍液为例介绍制作方法。

1）配制硫酸铜溶液。在适当的玻璃容器中，一般配制成 5%硫酸铜水溶液。配制前要考虑到所浸标本的大小，保证所浸标本全部位于液面下。

2）预浸病果。如从室外采到的新鲜的辣椒炭疽病病果，在盛有 5%硫酸铜水溶液的玻璃瓶中浸 24 h。浸病果时，需临时将病果用塑料绳缚在玻璃板上，一起放入溶液中。否则，病果易浮在液面上，特别是对于像辣椒这样的空心果实，更易漂浮在液面上。

3）漂洗病果。从 5%硫酸铜水溶液中取出病果，用清水漂洗 6 h。可固定在水龙头下，打开水阀用流水进行冲洗。在冲洗时，水流不宜太急，否则，标本易破损，或将子实体冲刷掉。

4）配制亚硫酸溶液。在装有含 5%～6%二氧化硫的亚硫酸溶液 15 mL 的标本瓶中加水 1000 mL（也可用如下方法配制，即将浓硫酸 20 mL，稀释在 1000 mL 水中，然后加亚硫酸钠 16 g)。

注意事项： 配制溶液时，要记住，将浓硫酸沿瓶壁缓缓倒入水中，切不可将水倒入浓硫酸中，以防发生事故。

5）固定病果。将冲洗后的病果用塑料绳将其缚在玻璃板上，一起浸入配制好的亚硫酸溶液中。固定时，要小心操作，尽量不要损坏标本，保持其完整。

6）封口。先配制封口剂，具体方法是：取明胶 200 g，石蜡 50 g（此两试剂的量可据需要量而定，一般按照明胶∶石蜡=4∶1）。将明胶置于玻璃瓶中，用水浸 6 h，滤去水分。之后，在水浴锅中加热熔化，再加入石蜡，熔化后即可成为胶状物，趁热进行涂抹封口。

注意事项： 封口剂配制好后，要趁热及时涂抹封口，否则影响封闭效果。

（2）贴标签　液浸标本的标本瓶需要在其适当位置贴上正式标签。标签的大小和格式要一致，要兼顾标签与标本瓶的整体协调性和美观性，标签应贴在瓶体的近中央偏上位置。

3. 玻片标本的徒手制片

对于生长在植物病部表面或培养基上的菌丝体、分生孢子梗、分生孢子和其他子实体等，可直接从病部挑取少许病原物或经过徒手切片而得病原物，封藏在适宜的浮载剂中，制成临时玻片，适合在显微镜下进行观察，一般可用 8～10 年。

材料的选取根据材料的特点和观察目的不同，而采用不同的方法。常用的方法可以概括为：挑、刮、拨、撕、涂、切等。

（1）挑　对于在基物表面生长茂密的霉状病原物，如霜霉菌、葱紫斑病菌（*Alternaria porri*），或个体分明的子实体，如白粉菌的闭囊果等。可用尖细的拨针挑取少许制片，用拨针把重叠霉状物拨开，便于镜检分辨。在选材典型的前提下，所取材料越少越好，以免材料互相重叠，影响观察。

（2）刮　对于病原物稀少或用放大镜也不能清楚分辨出霉层存在的病害标本，如花生疮痂病菌，可采用三角拨针（针端三角形，两侧具刃）刮取病原制片。用三角拨针的一侧，蘸浮载剂少许，在病部同一个方向刮取 2～3 次，将刮取的物体沾在载玻片上的浮载剂中。载玻片先擦干净，浮载剂只要滴一小滴，要尽量少，少量的病原物在大滴的浮载剂中极易分散，漂流到盖玻片边缘，不便观察。

（3）拨　对于产生在植物皮层下或半埋于基物内的病原物子实体，如分生孢子器、分生孢子盘、子囊壳等，可以把病原物与寄主组织一同拨下，放入载玻片上的浮载剂中，用两支解剖针，一支稳定材料，另一支小心拨去多余的植物组织，使病原物外露，然后在显微镜下观察。

（4）撕　用小金属镊子撕下病部表皮制成临时玻片。此法可以适合观察着生在寄主或基物表面的菌丝和孢子。观察病害寄主表皮细胞内的真菌菌丝、吸器和休眠孢子囊以及病毒病的内含体等，如烟草、南瓜白粉病菌和烟草花叶病。

（5）涂　此法适用于细菌及黑粉菌厚垣孢子（分散而不成团）等的制片。细菌涂片后，需在灯焰上烘干固定，而后染色封藏。黑粉菌厚垣孢子的涂片不必烘干，可以直接封固保藏。要用崭新的、清洗干净的载玻片，否则，材料容易脱落。

（6）切　主要采用徒手切片。对于侵入寄主体内或埋生于基物内的菌物子实体结构或植物组织内的细菌等，就需要将这些材料切成薄片进行观察。徒手切片法是植物病理工作者必须掌握的基本技术之一。

徒手切片的缺点是对于微小或过大、柔软、多汁、肉质及坚硬的材料不易切取，也不能制成连续的切片。此外，切片的厚薄也很难一致。但是“熟能生巧”，经过反复练习掌握之后，同样可以切成很好的片子。

对于过于柔软或较薄的材料，可以夹在通草或其他“夹持物”中进行切片。实验室中通常将通草浸于70%乙醇中备用。

4. 玻片标本的组织透明制片

为了观察病菌侵入寄主组织中的菌丝、吸器、子实体等，可将组织经透明处理后，做成载玻片直接镜检观察。常用的方法如下。

（1）乳酚油透明法　嫩而薄的叶片接种病菌后，在适宜的温、湿度条件下培养一定时间后取出，或在田间选取被入侵的叶片，浸在乳酚油棉蓝液内煮 30 min，透明和染色，如稻纹枯病菌侵染稻叶观察。镜检可以观察病菌入侵的途径和组织中的菌丝。

（2）水合氯醛透明法　水合氯醛是最常用的透明剂，效果较好。

1）透明病叶，观察病叶表面和内部的病菌，步骤如下：①固定将小块叶片在95%乙醇与等量的冰醋酸混合液中固定 24 h；②透明将固定后的材料移入饱和的水合氯醛水溶液中（水合氯醛 10 g，水 4 mL）进行透明；③染色组织透明后取出用水洗净，经苯胺蓝（0.01%～0.05%）水溶液染色；④封藏甘油封藏，或甘油脱水后以甘油明胶封藏。

2）观察枯叶表面和内部病菌：①透明。将枯叶在水合氯醛饱和水溶液中浸渍过夜（或浸至透明为止）。②脱色。将叶片自水合氯醛中取出，清水漂洗数次，然后在 10% KOH 水溶液中浸数日，以除去枯叶中的褐色素。③脱水。脱色后在清水中漂洗数次，移入 95%乙醇中浸 3 h，换 2 次；再在无水乙醇中浸 3 h，并换无水乙醇 1～2 次，脱去水分。④封藏。脱水后的材料，再用苯酚松节油混合液（熔化的结晶苯酚 40 mL 与松节油 60 mL 混合）进一步透明，经二甲苯浸洗过后，再用加拿大胶封固。

3）显示叶片组织中的病菌吸器及菌丝体（如南瓜白粉病菌吸器及菌丝观察）：①小块叶片组织，放在水合氯醛饱和水溶液中，抽气除去组织中的气泡。浸数日至数星期，使之充分透明。②染色。染料配法如下：

	甲	乙
2%酸性品红（70%乙醇）	0.5 mL	0.5 mL
水合氯醛（饱和水溶液）	6.0 mL	3.0 mL
95%乙醇	4.0 mL	3.0 mL

锈菌初侵染时，采用甲配合式，染色 1～2 h；较老的侵染，采用乙配合式，染色 3～4 h。

③褪色。染色以后，移入水合氯醛饱和液中褪色，待显示出病菌及寄主的清晰结构为止，然后在一滴饱和水合氯醛液中检视。寄主及病菌的细胞壁，细胞核及吸器均染成鲜红色。④脱水。经 85%乙醇及无水乙醇脱水。⑤复染。用浓的苦味酸冬青油溶液复染。⑥封固。用冬青油透明，加拿大胶封固。

（3）乳酚油-水合氯醛透明法　将小块标本或切片浸在乙醇、冰醋酸混合液中浸渍除去叶绿素；将标本移至载玻片上，用 1%酸性品红的乳酚油溶液染色，徐徐加热至发烟为止，倾去剩余的乳酚油，加入数滴不含染料的乳酚油，微微加热，以除去多余的染料；移至水合氯醛饱和溶液中，使组织透明；用水合氯醛饱和溶液封藏，用火漆贴金胶水封边，即可永久保存。

（4）水合氯醛-苯酚透明法　将等量的水合氯醛结晶与苯酚结晶混合，徐徐加热熔化，叶片在此液中约浸 20 min，即呈透明状。

（5）吡啶透明法　将幼嫩病叶切成小块浸渍在 10～20 mL 吡啶中，并更换吡啶数次，约经 1 h 即透明。用乳酚油棉蓝液染色，水洗或不经水洗，封藏在乳酚油内。小麦、玉米、棉花、菜豆、白菜、黄瓜、萝卜、烟草、番茄等用此法透明效果均好。

5. *石蜡切片法*

石蜡切片法是应用最广，发展比较完善的切片制作法。它是把材料浸渍和包埋在石蜡中后，连同石蜡一起进行切片，所以称为石蜡切片法。用石蜡法制片，要经过许多个步骤，每一步骤对于制片的质量都有着极大的影响，在操作时应给予重视。

（1）选材　材料选择是根据制片目的决定的。一般原则是在照顾其完整性的前提下，尽可能的“精而小”，并且应尽量采用新鲜有代表性的材料。最可靠的办法是先作徒手切片确定合适的部位，再进行取材。例如，为了研究病菌侵入寄主的情况，在体内的扩展及罹病植物的组织病变，选择材料必须是在入侵点和罹病部位；为了研究患病植物体内或体表的病原菌形态和发育状况，则应选择具有典型病征的材料。

材料选好后，立即切成小块，投入适当的固定液中杀死和固定。切块大小视材料的性质而定。块状组织每边长 2～3 mm 为宜，薄组织（如叶片）则切成（2～3）cm×（2～4）mm 大小较适宜。切的形状要便于以后操作。

（2）杀死、固定和保存　杀死和固定的目的是迅速终结生物组织的生命活动，尽可能地固定保存细胞和组织在生活时原有的结构和状态。因此，就要选择渗透力强的药品，力求在短时间内渗入材料组织中去，迅速杀死细胞，并使原生质的亲水胶体凝固，对细胞起硬化的作用，以便于切片。

杀死和固定的意义是不相同的。固定液通常是由各种药剂混配成的，兼有杀死和固定作用。

材料固定的注意事项：①根据材料性质选择合适的固定液。最好先通过试验找出适合不同材料的固定液和配方。②材料选好后立即投入固定液中。固定液的用量一般应为材料的 20～50 倍。③植物材料常带有茸毛及气体沉入固定液中，会影响药液的渗入。因此，在固定时一定要抽气。最简便的抽气方法是用一个 20 mL 的注射器，将材料连同固定液倒入注射器中，插入活塞，注射孔向上，轻轻将管内空气排出，用左手指按住注射孔，右手向外拉注射器活塞，使注射器内压力减小。这时可见到材料断面有气体排出。如此往返数次直到材料下沉，即表示抽气已完成。注意用力不可过猛，否则会损伤材料。也可以用抽气机交替抽气及放气数次，使材料下沉。为了安全，抽气时必须通过一套适当的抽气装置。材料放入后，根据材料的性质、大小，决定抽气的时间，每次开动 2～5 min，并控制瓶上的活塞，使气压计或水银柱保持在 25～30 mm。当达到一定时间后，关闭抽气机，徐徐打开活塞进气。如此往复几次，至材料完全下沉，即可拧开干燥器取出材料。采用抽气机抽气时，抽气瓶中 1 次可放入大批的材料管，处理一致。但每管上必须分别贴上标签，注明材料名称、固定液种类及固定日期等，以免混乱。

（3）脱水、透明　固定液都是一些水溶液，但是水不能溶解石蜡。同时，它和许多石蜡的溶剂也不能混合，所以必须经过脱水过程。将材料中的水分除去，而后用可以溶解石蜡的溶剂取代它。脱水剂首先是必须能和水任意混合，理想的脱水剂最好还要能和乙醇混合，并能溶解石蜡和加拿大胶，对植物的组织结构无不良影响。到目前为止，只有氧化二乙烯和丁醇这两种溶剂是比较合乎这些要求的。其他常用的脱水剂还有丙酮和甘油等，应用最广的是乙醇。

按照上述要求，乙醇并不是最理想的脱水剂，它容易使组织细胞发生收缩，使材料变硬而不利于切片，脱水后还必须再用其他有机溶剂除去乙醇才能浸蜡，手续比较繁杂。但由于乙醇应用已久，而且廉价易得，方法易于掌握，仍是目前普遍应用的脱水剂。在制片技术中应用的乙醇有 2 种，即 95%乙醇和无水乙醇，后者是经过蒸馏而得，价格昂贵，要尽量节约使用。一般配制 95%以下浓度的乙醇都是用 95%乙醇稀释。

脱水的过程应从低浓度开始，逐渐替换到高浓度乙醇。操之过急一开始就放入高浓度乙醇会使材料收缩或损坏。用乙醇配制的混合固定液，当然可以从同浓度乙醇开始脱水。材料在各级乙醇中停留的时间，视材料的性质和大小而定。一般长、宽 2 mm 左右的材料，应在各级乙醇中脱水 2～4 h；大的或较硬的材料，要适当延长时间。以感染甘薯枯萎病（蔓割病）的甘薯嫩茎为例，步骤如下：①冷多夫固定液或其他固定液固定 24 h；②清水换浸 2 次，每次 30 min 以上；③30%乙醇中脱水 30 min；④50%乙醇中脱水 0.5～1 h；⑤70%乙醇中脱水 2～24 h；⑥80%、90%、95%乙醇中脱水各 1.5～2 h；⑦100%乙醇换浸 2 次，间隔 2 h。

材料水分脱尽后，还要经过一种既能与脱水剂又能与石蜡相混溶的溶剂处理，以便石蜡能够渗入。因为这种溶剂能使材料透明，这个步骤也称为“透明”。常用的透明剂有二甲苯、氯仿、甲苯、苯和丁香油等，而应用最广的是二甲苯。它的作用非常迅速，能溶解石蜡和加拿大胶，但容易使材料收缩变脆。经上述脱水过程彻底脱尽水分的材料，立即按以下步骤过渡到二甲苯中：①2/3 纯乙醇和 1/3 二甲苯的混合液，浸 2 h；②1/2 纯乙醇和 1/2 二甲苯的混合液，浸 1.5 h；③1/3 纯乙醇和 2/3 二甲苯的混合液，浸 2 h；④纯二甲苯换浸 2 次，每次 2 h。

（4）浸蜡和包埋　材料完全被透明剂浸透之后，紧接着就应进行浸蜡，若在二甲苯中放置太久会使材料变脆。浸蜡就是使石蜡慢慢融于浸透材料的二甲苯或其他透明剂中，逐渐浸入组织中，最后彻底取而代之。要求石蜡要完全浸透细胞的每个部分，紧密地贴在细胞壁的内外，成为不可分离的状态，以便于切片。

石蜡浸透必须缓慢地进行才能完全。一般是从低温到高温，从低浓度到高浓度，不可操之过急。

1）将石蜡切成薄片，在室温下少量多次地加入含有材料的透明剂中，使逐渐融化渗入组织中，不断地加入石蜡直到饱和；或将石蜡削成长形的蜡块，用线扎好放入材料管中，调节线的长度，使蜡块大部浸入透明剂中（但不要接触材料，或距材料太近），使之缓缓熔解达到饱和。

2）将上述材料管放入 36～40 ℃温箱中，并不断地加入小蜡块，经几小时直到达到 1/2 透明剂和 1/2 石蜡的体积为止。

3）在 52～56 ℃温箱中，打开瓶塞，放置数小时让二甲苯挥发。

4）倒去含有二甲苯的石蜡，换入已熔化的石蜡，经数小时再更换纯蜡 1 次。再经数小时，使材料完全被石蜡浸透，再除尽二甲苯。

5）包埋。包埋就是将材料排列在熔化的石蜡中，把材料稳固地埋在蜡块中，便于以后进行切片。可按下列步骤进行：①用牛皮纸或重磅道林纸折叠成长方形的纸盒。②在纸盒上写上欲包埋材料的名称或处理及日期，将其平放在金属温台上，倒入熔化的石蜡至满为止。③用烧热的镊子自熔化状态的材料中夹取材料数块，迅速投入纸盒中。将纸盒移至温台距加热点远的一端或桌面上，以使盒底部石蜡稍稍凝固。用烧热的镊子迅速将材料在纸盒中排开，把位置整理好，并用烧热的镊子烫材料周围的石蜡，驱尽其中的气泡。材料的间隔距离，以不影响将来分割、整修石蜡块为宜。④将纸盒自温台或桌面上拿开，向蜡面徐徐吹气，使表面石蜡凝固，待能经受水的压力时，迅速将纸盒淹浸在冷水中，使石蜡迅速凝固，否则，石蜡凝固缓慢结构舒松，不易切片。包埋好的蜡块，应该质地均匀，不含气泡，材料与石蜡结合紧密，便于切片。

注意事项：浸蜡和包埋，要依季节选择不同熔点的石蜡。一般在夏季时采用熔点较高（55～60 ℃）的石蜡，冬季宜用熔点较低（45～52 ℃）的石蜡。熔点愈高的石蜡质地愈疏松，不易切片。如能将 2～3 种不同熔点（如 35 ℃、45 ℃及 55 ℃）的石蜡混熔，可得到较好的效果。在石蜡中加入蜂蜡混熔，则能使蜡的质地变得较柔软而滑润，适于进行切片，加入比例视材料的性质和经验决定。此外，用过或熔过多次的石蜡，质地往往也变得比较紧密而韧，比较适用。

（5）切片　石蜡切片一般在轮转式切片机上进行。

1）蜡块的切修与黏附。在包埋好的蜡块上，沿欲切取的材料四周用利刀划 1～2 mm 深的痕，折断蜡块，使之成为小块，再将切下的蜡块用刀修整齐，使之成为梯形，便于黏附在载蜡器上；蜡块的切面呈长方形，特别是上下两边，要切得平行，否则切片时蜡带不直。

黏附就是将蜡块黏附在载蜡器上。将载蜡器固着面（有沟纹的一面）加热，涂一厚层石蜡，并使其凝固，然后借助烧热的解剖刀柄或镊柄，将已修好的蜡块迅速黏附在载蜡器上，梯形底面向下，并用烧热的解剖针顺接缝纵横穿刺数下，使接缝合紧，最后再用碎蜡将蜡块四周粘牢。黏附牢固的蜡块连同载蜡器投入冷水中使之迅速凝固，取出后再加整修即可安装在切片机的夹物部进行切片。

2）切片刀的安装。切片刀安装的角度很重要，角度太小，刀内侧会碰坏材料，角度太大，刀片将不是“切”而成为“刮”的作用。刀口向材料一面倾斜的角度一般以垂直成5°～8°为宜，刀口的倾斜角在切片机上带有标注，可供参考。刀安装好后，再调节载蜡器使材料切面与刀锋平行，切面接近刀口，但不要超过刀口。

3）调整切片的厚薄。切片之前应先调整好厚度计，必须对准刻度，使之达到需要的厚度。一般来讲，切片厚度10～15 μm，对一般植物病害标本都比较适宜。

4）切片。上述各项调节好后，即可摇动飞轮进行切片。摇轮用力要均匀，速度要适中，右手摇机，左手握毛笔，轻轻将切出的蜡带托起并向外拉出。到蜡带长度达到20～30 cm时，即可用毛笔挑起安放在盘中的白带上，按顺序排好，便于检查和应用。

（6）粘片　就是将切成的石蜡薄片用粘贴剂粘在载玻片上。载玻片必须干净，而所用的粘贴剂要不被染色，并且不溶于染色时所用的药剂中。

粘贴时，在载玻片上滴一小滴粘贴剂（郝普特粘贴剂只用甲液），用手涂匀成一薄层。加少许浮载剂，将蜡片放在液面上（蜡片的光面向下），然后将载玻片置36 ℃左右的温台上，蜡片受热即慢慢伸平，吸取多余浮载剂，经加温干燥或在室温下放置数日让其自然干燥即可染色。

（7）染色　粘贴在载玻片上的蜡片完全干燥后，即可进行染色。染色前必须先行去蜡。去蜡的方法就是将粘有切片的载玻片浸在石蜡的溶剂中，将石蜡溶去，再换溶剂把石蜡溶剂除去。一般都是用二甲苯去蜡，然后再逐步转入乙醇或水中，具体视染料溶于水或乙醇而定。

为了获得良好的染色效果，应当根据观察和研究的对象，选择适宜的染色剂（对各种组织及细胞结果使用的染色剂见本书附录Ⅱ）。

（8）封固　封固是制片的最后一步。封固的目的，一方面为了长期保存标本，另一方面通过用有合适折光率的封固剂封固，使经过染色的材料的结构更加清晰。

常用的封固剂（见附录Ⅱ）有加拿大胶和甘油明胶等。加拿大胶的折光率与玻璃十分相近，是目前应用最广的一种封固剂。

配制加拿大胶的方法是将加拿大胶溶化于二甲苯内，或将等量的加拿大胶和碳酸氢钠混合研碎，溶化在二甲苯内，过滤，蒸发到适当程度即成。一般用于石蜡切片时要稍稀些。加拿大胶放置一些时候，能渐变成酸性，会引起切片褪色。选豆粒大小的大理石（碳酸钙）数块，经二甲苯洗净后放入胶瓶内，可以中和酸性，纠正上述缺点。采用后一种配方，因其中有碳酸钠，保存标本颜色的效果较好；此外加拿大胶中绝对不能混有水和乙醇，否则会发生浑浊，不能使用。

封固时将载玻片自二甲苯中取出，放在吸水纸上，有标本的一面向上（侧视可见标本的影子），将标本周围的二甲苯揩去，在标本上的二甲苯未干前，加一滴封固剂。如封固剂中有气泡可将载玻片微微加热以除去气泡。将盖玻片一端与封固剂接触，然后缓缓落下封固。除去盖玻片周围溢出的封固剂，在 32 ℃下烘干或自然晾干。制成的载玻片标本要及贴标签贮放于避光、干燥处。

四、作业与思考题

1. 每人上交 10 份已鉴定好的植物病害标本。
2. 在采集植物菌物病害标本时，为什么尽量采集带有子实体的标本？
3. 在采集植物菌物病害标本时，除了采集患病部位的器官外，为什么还要尽可能采集植物的花、果实等？
4. 在标本制作的过程中，何种情况采用标本干燥制作法？何种情况采用标本浸渍制作法？
5. 病害标本是否一定要压制或浸泡保存？
6. 仁果、浆果病害如何保存？

实验十二　植物病害调查与诊断

植物病害的调查是植物病理学研究及病害防治的重要基础工作，主要是通过田间调查，了解植物病害种类、分布和为害及发病程度，掌握或分析病害的发生发展规律，对病害开展预测预报、病害防治提供科学依据。其调查研究类型，因病害的种类和调查目的的不同而异，可分为一般调查（普查）、专题调查和系统定期定点调查。调查方法直接关系到调查资料的准确度和代表性，因此要因地制宜或根据研究的目的来制定相应的调查方法。植物病害诊断是根据发病植物的症状表现、所处环境条件，经过必要的调查、检验与综合分析，对植物病害的发生原因做出准确判断的过程，以期提出相应的防控对策。植物病害诊断包括经验诊断法及实验诊断法。经验诊断法主要通过标本诊断或田间诊断，通过实地考察和分析来诊断。对于常见病害，有经验的植病工作者经过细致的田间诊断，一般就可得出正确的结论，对于较复杂或不常见的病害，或疑难病害，需进一步实验室诊断分析。

本实验主要通过校内、校外基地，结合课程实习，根据田间的具体情况，因地因时制宜，将植物病害调查与病害诊断相结合，在老师前期调查基础上，指导学生拟定实习调查方案，确定调查方法，掌握调查资料的整理与分析；学会田间辨别侵染性病害与生理性病害，掌握不同种类病原物所造成病害症状特点，并能掌握必要的室内诊断技术。

一、实验目的

通过实习，学会病害调查的基本方法、调查方案的制定、调查资料的整理、计算方法和分析、植物病害诊断的程序和基本方法等；掌握调查病情的方法以及发病率和病情指数的计算、植物病害诊断的主要依据、田间侵染性病害与生理性病害的基本判别以及田间常见菌物、细菌、病毒、线虫病害、寄生性植物的识别。

二、材料和用具

（一）户外采集工具及用品

小铲、锯、解剖刀、剪刀、扩大镜、照相机、GPS 定位、自封袋、记录本、记号笔、铅笔等。

（二）室内常用诊断仪器

解剖镜、显微镜、恒温培养箱、冰箱、接种与保湿装置、镊子、挑针、刀片等。

（三）必要的资料信息

必要的诊断手册、参考书以及与病害有关的信息和资料，包括发病植物的品种、种子或无性繁殖材料的来源、所处自然环境、近期内的天气变化以及施肥、施药、灌排水等农事操作情况。老师可提前对调查基地进行实地勘察，收集必要的资料信息，以便指导学生进行调查方案的设计。

三、实验内容和方法

本课程实习采用小组方式进行，每组成员4～6人，实习前预先确定好分组名单，小组成员进行协作，共同完成实习报告。

（一）植物病害调查

本实习病害调查，学生要完成两部分内容：一般调查和重点调查。

1. 一般调查

以小组方式，对基地1种或几种、甚至所有作物病害情况进行普查，如水稻、玉米、柑橘、马铃薯、蔬菜等作物。

一般性调查的面要广，记载的项目比较多，可以设计一种通用调查表，内容包括调查日期、地点、作物品种、病害名称、田间分布、症状简要特点、发病率、土壤性质及肥力情况、施肥或用药情况、土壤湿度、当地近期降雨情况等。

每个小组在调查过程中，与当地农户或基地管理人员进行交流，收集相关信息；对于无法获得的信息可空缺；调查过程中要对田间地形、症状特点进行宏观至微观的拍照，同时对病害标本进行采集，每种病害标本分别收集于自封袋中，并标记相关信息，以便回实验室后进一步进行病害的诊断与分析。

2. 重点调查

经过一般调查发现的某种作物重要病害，可以作为重点调查的对象，深入了解它的分布、发病率、发病程度等。

3. 常用田间调查方法

学生首先要了解被调查基地的基本情况，根据面积、地形、品种分布以及耕作栽培等因素和病害发生传播特点，决定取样方式和样本数，按组内成员分工进行。常用的取样方式有以下几种（图12.1）。

（1）顺行式　　顺行调查是果树病害中最常用的调查方法。对于分布不很均匀的病害，尤其是对检疫性病害和病害种类的调查，为防止遗漏，可用顺行调查法。根据需要和工作量，可以逐行逐株调查或隔行隔株调查。

（2）随机取样　　病害均分布或随机分布时常用此方法。要注意样本分布点不能过分集中或有意识地选定，适当地分散在田间，一般应调查5%左右样本数。

（3）对角线式　　在地势平坦，园地近似长方形时适用，气流传播病害常用此法。在二条对角线上各取5～9点调查（常用的“5点取样法”即是在对角线交点上取1点，其余4点亦在对角线上）。

（4）棋盘式　　适用于分病虫害分布均匀的田块。取样点有规则地均匀分布在近长方形的园地上。一般为10～15点，每个点调查株数的多少，以保证总调查株数占总数的5%左右为原则。

（5）“Z”字形取样　　地形狭长或地势复杂的园地，一般用此方法较方便。可按“Z”字形排列或螺旋式排列的取样点进行调查。

（6）平行线式　　本方法适用于田地大，且病虫害分布不均匀的田块。一般一条线上查5株，来回检查，共查40行、200株。各条线均匀地分布在田间。但靠近地边的点距地方不少于2 m。

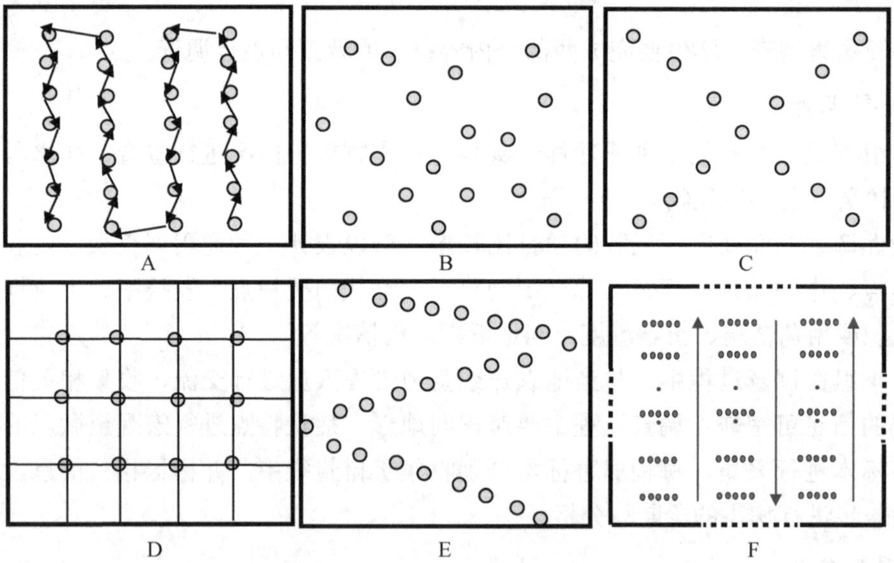

图12.1　常用田间调查方法

A. 顺行式；B. 随机取样；C. 对角线式；D. 棋盘式；E. “Z”字形取样；F. 平行线式

4. 病情指数的计算与表示法

在重点调查中，确定某种病害后，进行发病率、病害严重度分级，确定病情指数。

（1）发病率　　发病植株或植物器官（叶片、根、茎、果实、种子等）占调查植株总数或器官总数的百分率，用以表示发病的普遍程度。

发病率（%）＝调查病株（叶、果）数×100/调查总株（叶、果）数

（2）病害严重度　　表示植株或器官的罹病面积（如病斑面积占总面积的比例）。严重

度用分级法表示，即将发病的严重程度由轻到重划分出几个级别，分别用各级的代表值或百分率表示。一般分3～5级即可，级间差异要明显，便于判断。近年来，为了适应计算机的分析，常采用0～9共10级的表示法，这是国际上通用的标准分级体系（SES）（见附件1），在实际应用中根据不同的病害进行分级，有时用0，1，3，5，7，9；甚至用0，1，5，9。不同病害分级标准不一样，应根据各种病害性质及其对作物的影响进行分级，许多植物重要病害已有分级标准，可供参考（见附件2）。分级标准要具体，明确，易于区分，不因调查人员的主观偏见而造成误差。

（3）病情指数　全面考虑发病率与严重度两者的综合指标。若以叶片为单位，当严重度用分级代表值表示时，病情指数计算公式：

$$\text{病情指数}=\frac{\sum(\text{病级株数}\times\text{代表数值})}{\text{株数总和}\times\text{发病最重级的代表数值}}\times 100$$

注意：病情指数处于0～100，不带“%”。

计算案例见附件3。

（二）植物病害诊断

学生分组进行，植物病害诊断内容结合植物病害普查环节，通过实地考察，对所观察到的病害种类进行现场分析诊断、拍照记录，同时采集必要的标本，带回实验室进行诊断及病原鉴定（图12.2）。

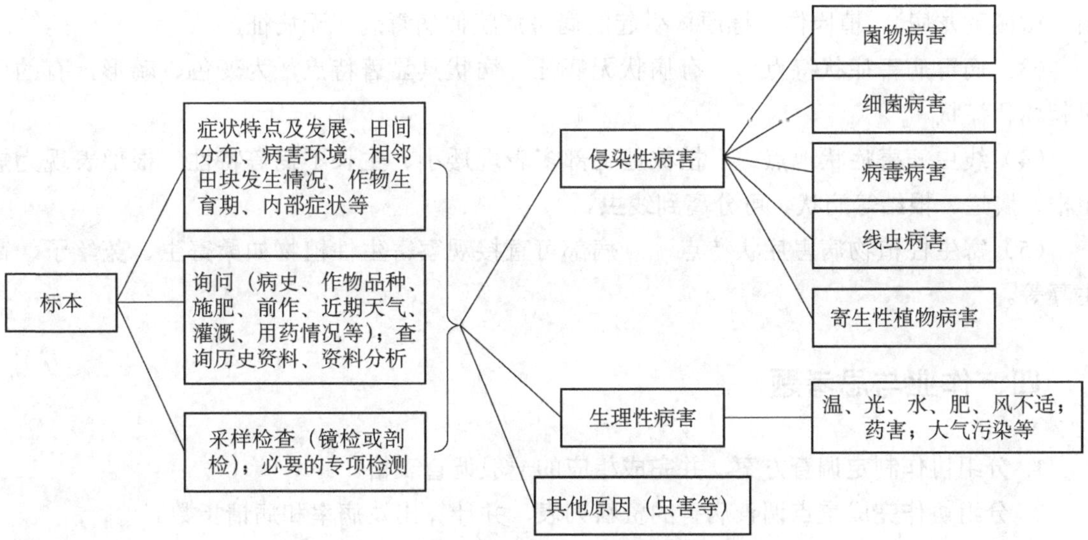

图12.2　植物病害诊断与普查

植物病害诊断的一般程序包括：①全面细致地考察发病植物的症状；②调查询问病史和相关情况；③采样检查（镜检或剖检）病原物形态或特征性结构；④进行必要的专项检测；⑤综合分析病因，提出诊断结论。

病害的诊断应从症状入手，全面检查，仔细分析，宏观至微观深入分析。先判断出是侵染性病害还是非侵染性病害，抑或虫害或其他因素。生理性病害和侵染性病害，特别是植物病毒性病害的区分，可根据其症状特点、田间分布特性及询问等进行基本判别（图 12.3）。

病毒病与非侵染性病害的症状区别

分散性：发病中心、同一丛中病株与健株之分
系统性：症状的全株性、再现性和不恢复性
传染性：常与介体昆虫的迁移活动与密度有关
鲜明性：一般植株的嫩枝、嫩叶比其他部位更为鲜明
特征性：特有症状，如脉明、斑驳、脉肿、蚀纹、条纹等

非侵染性病害的田间症状一般特性

均一性：病害在田间大面积发生，病态或病状表现一致，病株分布也较一致
关联性：病害出现与当地的某些物理、化学环境或栽培措施具有一定联系，但在病株上分离不到病原物
可逆性：当障碍因子消除后，症状一般随之消失
无传染性：不会相互传染
无病征：但要注意与区别病部腐生菌的出现

图 12.3　非侵染性病害的一般特性及与病毒病的区别

对于侵染性病害，可根据其症状特点进行区分。

（1）菌物类病害症状特点　　一般病状与症征皆有之，病状可多种，变色、坏死和腐烂、萎蔫、畸形。在发病部位后期明显可看到霉状物、粉状物、锈状物、点状物等。若病部无病征，疑为菌物病害时，可取病组织保湿培养后再镜检有无菌丝及子实体；若有病征，进行挑取或切片，制成临时玻片，进行显微镜观察。

（2）细菌类病害症状特点　　一般病状明显，病状有变色、坏死和腐烂、萎蔫、畸形。症征不明显，但在湿度大时发病部位多可见菌脓。可通过喷菌现象观察。但韧皮部杆菌（柑橘黄龙病）、植原体、螺原体引起的病害症状似病毒病，无病征。

（3）病毒病害症状特点　　有病状无病征。病状具显著特点，为变色、畸形，有的可引起坏死症状。

（4）线虫病害症状地点　　植株地上部多表现矮小、生长不良等特性。根部表现为短粗根、腐烂、根结等病状。可分离到线虫。

（5）寄生性植物病害症状特点　　病部可直接观察寄生性植物如桑寄生、菟丝子、寄生藻等。

四、作业与思考题

1. 分组协作制定调查方案，并完成相应的一般调查表格。
2. 分组协作完成重点调查病害的资料列表，并计算出发病率和病情指数。
3. 完成 1 份调查区域植物病害种类的诊断与鉴定报告。
4. 各小组将调查与诊断内容制作成 PPT，并进行小组汇报。
5. 为什么从病部看到或分离到的微生物不一定都是引致该病害的病原物？
6. 说明病情指数与损失率之间的关系。

附件 1：国际上通用的标准分级体系（SES）

表 12.1　通用的病情分级标准

代表值	病情
0	无可见症状
1	病斑（或病株）占样本面积的 1%～3%（1～2 个病斑）
2	病斑（或病株）占样本面积的 4%～10%（<10 个病斑）
3	病斑（或病株）占样本面积的 11%～25%
4	病斑（或病株）占样本面积的 26%～50%
5	病斑（或病株）占样本面积的 51%～75%
6	病斑（或病株）占样本面积的 76%～85%
7	病斑（或病株）占样本面积的 86%～90%
8	病斑（或病株）占样本面积的 91%～95%
9	病斑（或病株）占样本面积的 95%以上

附件 2：几种常见病害的严重度分级标准

1. 稻瘟病

（1）叶瘟严重度分级标准　　以叶片为单位，分 5 级：

0 级：无病。

1 级：病斑小（长度小于 5 mm）而少（少于 5 个）。

2 级：病斑小而多（多于 6 个）或大（长度大于 5 mm）而少。

3 级：病斑大而多。

4 级：全叶枯死。

（2）穗瘟严重度分级标准　　共分 6 级：

0 级：无病。

1 级：每穗损失 5%以下（个别枝梗发病）。

2 级：每穗损失 20 左右（1/3 左右枝梗发病）。

3 级：每穗损失 50%左右（穗颈或主轴发病、谷粒半秕）。

4 级：每穗损失 70%左右（穗颈发病，大部秕谷）。

5 级：每穗损失 90%以上（穗颈发病，造成白穗）。

2. 水稻纹枯病严重度分级标准

0 级：全株无病。

1 级：第三叶片及其以下各叶鞘、叶片发病（以顶叶为第一叶）。

2 级：第二叶片及其以下各叶鞘、叶片发病。

3 级：剑叶叶鞘及其以下各叶鞘、叶片发病。

4 级：剑叶叶片及其以下各叶鞘、叶片发病。

5 级：全株发病，提早枯死。

3. 水稻白叶枯病分级标准

0 级：无病。

1 级：病斑面积为叶面积的 1/5 以下。

2 级：病斑面积为叶面积的 1/3 以下。

3 级：病斑面积为叶面积的 1/2 以下。

4 级：病斑面积为叶面积的 3/5 以下。

4. 小麦锈病分级标准

0 级：无病。

1 级：病斑面积占总面积 5%。

2 级：病斑面积占总面积 10%。

3 级：病斑面积占总面积 25%。

4 级：病斑面积占总面积 40%。

5 级：病斑面积占总面积 65%。

6 级：病斑面积占总面积 80%。

7 级：病斑面积占总面积 100%。

叶锈、条锈病以全叶面积为总面积，而秆锈病以茎秆以上部两节面积为基础。

5. 麦类赤霉病分级标准

0 级：无病。

1 级：感病小穗占全部小穗的 1/4 以下。

2 级：感病小穗占全部小穗的 1/4～1/2 。

3 级：感病小穗占全部小穗的 1/2～3/4。

4 级：感病小穗占全部小穗的 3/4 以上。

6. 麦类白粉病分级标准

0 级：各部位均不见白粉病菌菌丝体。

1 级：仅在叶鞘边缘有少量菌丝体。

2 级：小麦叶片、叶鞘上有较多的分散病斑。病斑不连成片。如果菌丝体超过黄豆粒大小，则菌丝体应很薄，透过菌丝体可见到叶表。

3 级：叶片和叶鞘（以及颖壳和芒上）有很多分散的厚菌丝体层，有 1/3 病斑连成片。

4 级：叶片和叶鞘（以及颖壳和芒上）的棉絮状菌丝体病斑连成大片。

7. 柑橘疮痂病叶部病害的分级标准

0 级：叶片无病。

1 级：叶片出现零星小斑点。

2 级：病斑面积占叶片面积 1/4 以下。

3 级：病斑面积占叶片面积 1/4～1/2。

4 级：病斑面积占叶片面积 1/2 以上。

8. 成年结果柑橘溃疡病害的分级标准（以叶、果为单位）

0 级：无病。

1 级：每叶（果）病斑数 1～5 个。

2 级：每叶（果）病斑数 6～10 个。

3 级：每叶（果）病斑数 11～20 个。

4 级：每叶（果）病斑数 21 个及以上。

9. 根结线虫根结严重度分级标准（Coyne et al.，2014）

0 级：根系健康完整，无侵染。

1 级：严格检查才能发现极少数小结瘿。

2 级：结瘿大小跟 1 级相似，但数量稍多，较易见。

3 级：大量小结瘿，有时长在一起，根功能受损不重。

4 级：大量小结瘿，有一些大根结，大多数根仍具功能。

5 级：25%根系严重结瘿和丧失功能。

6 级：根系严重结瘿并丧失功能。

7 级：75%根系严重结瘿，丧失能力。

8 级：无健康根，植株营养中断。

9 级：根系全部结瘿和腐烂，植株垂死。

10 级：植株和根死亡。

10. 烟草花叶病的分级标准

0 级：全株无病。

1 级：心叶脉明或轻微花叶，或上部 1/3 叶片花叶但不变形。

2 级：1/3～1/2 叶片花叶，或少数叶变形，或主脉变黑，病株矮化为正常烟株的 2/3 左右。

3 级：1/3～2/3 叶片花叶，叶变形或主侧脉坏死，或病株矮化为正常烟株的 2/3 左右。

4 级：全株叶片花叶，叶严重变形或坏死，病株矮化为正常烟株的 1/4～3/4。

附件 3：病情指数计算

$$\text{病情指数}=\frac{\sum(\text{病级株数}\times\text{代表数值})}{\text{株数总和}\times\text{发病最重级的代表数值}}\times 100$$

例如：由 *Alternaria solani* 引起的番茄早疫病的病株，可根据发病程度分为 5 级，每一级用数值代表，为 0，1，2，3，4，分级标准见表 12.2。

表 12.2 番茄早疫病分级标准

发病程度	代表数值	株数
无病或几乎没有病	0	8
少至 25%的叶片枯死	1	15
26%～50%的叶片枯死	2	20
51%～75%的叶片枯死	3	40
76%～100%的叶片枯死	4	30

$$病情指数=\frac{0\times8+1\times15+2\times20+3\times40+4\times30}{(8+15+20+40+30)\times4}\times100=65.3$$

实验十三　植物病原菌的分离和培养

研究病原菌的形态、生理、生态以及病原菌对寄主植物的致病性等多种实验中，常常需要病原菌的纯培养物。因此，需要从受病组织或其他基物中将病原菌单独分离出来。分离和培养是植物病理学实验最基本的操作技术之一，是科赫法则基本原理操作执行的一部分。

一、目的要求

通过实验，了解植物病理学实验常用的消毒和灭菌方法、植物病理学实验常用培养基及其制作方法以及各种植物病原物的分离和培养方法；掌握高压蒸汽灭菌技术，马铃薯葡萄糖琼脂（PDA）培养基和营养琼脂（NA）培养基的制作技术，常用的植物病原物的分离和培养技术。

二、材料与用具

（一）材料

新鲜的真菌性和细菌性病害标本，如香蕉炭疽病果、柑橘青霉病病果、桃褐病病叶、十字花科蔬菜黑斑病病叶、十字花科蔬菜软腐病病组织、番茄青枯病病叶、辣椒疮痂病病叶、黄瓜枯萎病病茎、甘薯瘟病叶、稻瘟病病叶、水稻白叶枯病病叶、水稻细菌性条斑病病叶等。马铃薯葡萄糖琼脂（PDA）培养基、营养琼脂（NA）培养基、灭菌水、蒸馏水（滴瓶）、70%乙醇、1%～5%次氯酸钠。

（二）用具

高压灭菌锅、烘箱、培养皿、铝盒（装培养皿用）、吸管、长铁筒（装吸管用）、酒精灯、酒精缸、火柴、接种环（针）、镊子、喷雾器、玻棒、小木块、解剖刀、刀片、剪刀、载玻片、盖玻片、移液管、吸耳球、记号笔。

三、实验内容和方法

（一）消毒

消毒和灭菌是植物病理学实验的基本操作技术，也是微生物学实验的基础。消毒指用化学或物理的方法杀死实验材料或物体上绝大部分微生物（主要是病原微生物），消毒实际上是部分灭菌。根据不同实验的要求选用不同的方法；常用的消毒方法是用化学药物消毒，如升汞、甲醛、高锰酸钾、乙醇、碘酒、龙胆紫、石炭酸、煤粉皂溶液、漂白粉、氧化乙烯、丙酸内酯、过氧乙酸、新洁尔灭等。

1. 器具的消毒

实验过程所用的玻璃仪器、刀、剪等小型器具，洗净干燥后用消毒剂，如75%乙醇、5%煤酚皂、0.25%新洁尔灭等擦拭、淋洗或浸泡消毒；有时，也可以用75%乙醇擦拭后，再用点燃的酒精棉球擦过一遍，利用酒精灯火焰消毒，同时将多余的乙醇烧掉。

2. 工作场所的消毒

病原菌的分离、培养等工作场所往往需要无菌条件。因此工作之前，需要对工作场所进行消毒。消毒前首先应做好清洁工作。空间大的场所，可用自来水喷雾使附着了微生物的空中尘埃沉降到台面或地面，再用湿布擦拭干净；空间小的场所，可用温度较高的热水产生蒸汽除尘或用漂白粉水溶液、甲醛、新洁尔灭、煤酚皂等消毒剂喷雾或擦拭；对空间大且无菌条件要求严格的场所，可用硫黄熏蒸或在高锰酸钾中加入甲醛（加入量为高锰酸钾的2～3倍）熏蒸进行空气消毒。

注意事项：在耐热容器中先放入高锰酸钾再倾入甲醛溶液，高锰酸钾与甲醛接触后立即产生热反应释放大量甲醛蒸气，对眼睛和黏膜组织刺激极大，操作时应注意对人身的安全防护。

（二）灭菌

灭菌是用物理或化学的方法来杀死或除去物品上或环境中的所有微生物。在微生物的培养过程中，需要进行纯培养，不能有任何杂菌，因此，对所用实验器材、培养基要进行严格灭菌，对工作场所也要进行消毒。常用的灭菌方法有干热灭菌、湿热灭菌、过滤除菌、射线灭菌、化学药物灭菌。

1. 干热灭菌

利用干燥的热空气（160～180 ℃）保持1～2 h的方法杀死器皿或土壤颗粒中的微生物。玻璃器皿（如吸管、培养皿等）、金属用具等凡不适于用其他方法灭菌而又能耐高温的物品都可用此法灭菌，但含纤维物品、橡胶制品、塑料制品、绝对含水量5%以上的物品不宜用干热灭菌。电热鼓风干燥箱灭菌是干热灭菌一种主要方法。

使用电热鼓风干燥箱灭菌时应注意：

1）所有的玻璃器皿预先洗净、晾干后装在金属容器内。

2）箱内待灭菌的物品不能装得太满，物品之间应留有间隙，上部应留有1/3的空间。

3）物品不能直接排放在底板上，纸、棉塞等含纤维物品原则上不能采用该设备灭菌，非使用不可时，应放在上部且不能与箱壁接触。

4）非精准控温的电热鼓风干燥箱，升温时要打开排气孔，待温度升至所要求的数值后再关闭排气孔，使用时应有专人值守。

5）灭菌后应让箱内温度自然下降到60 ℃以下才能打开箱门，以防骤然降温导致玻璃器皿爆裂。

2. 火焰灭菌

微生物接种工具如接种环、接种针或其他金属用具等，可直接在酒精灯火焰上灼烧至红热进行灭菌。这种方法灭菌迅速彻底。此外，接种过程中，玻棒、接种针、移植铲、试管三角瓶口等也可通过火焰灼烧灭菌。

3. 常压蒸汽灭菌

常压蒸汽灭菌是湿热灭菌的方法之一。待灭菌的材料装在不能密闭的容器里，利用水蒸气进行灭菌。对不宜用高压蒸煮的物质如糖液、牛奶、明胶等，可采用常压蒸汽灭菌。巴斯德灭菌法和间歇灭菌法是常用的常压蒸汽灭菌方法，如牛奶的巴斯德灭菌法就是用75 ℃处理30 min或80 ℃处理15 min。这种灭菌方法所用的容器可以是特制的蒸锅，也可以是普通的蒸笼。由于常压蒸汽其温度不超过100 ℃、压力为常压，大多数微生物能被杀死，但细菌的芽孢却不能在短时间内死亡，因此必须采取间歇灭菌或持续灭菌的方法，杀死细菌芽孢，达到完全灭菌。

常压蒸汽间歇灭菌：将待灭菌的培养基或物品装入常压灭菌器内，加热至100 ℃大量产生蒸汽时，维持30～60 min，每天灭菌1次，连续灭菌3 d。每次蒸煮间隙，培养基或物品应放在室温（20～30 ℃）条件下培养，第1次蒸煮杀死微生物的营养体，芽孢则在培养过程中萌发成营养体；第2次蒸煮即可杀死。经过2次培养，3次反复蒸煮，即可达到完全灭菌。

常压蒸汽持续灭菌：灭菌过程中，从蒸汽大量产生开始，持续加热3～6 h，其间加大火力保持充足蒸汽，杀死绝大部分芽孢和全部营养体，达到灭菌目的。

以上两种方法通常是在无高压蒸汽灭菌条件的地方使用。

灭菌过程中应注意：

1）使用间歇法或持续法灭菌，都必须在灭菌物品完全热透（一般锅顶上有大量蒸汽冒出后），才开始计算灭菌时间。

2）为利于蒸汽穿透灭菌物品，锅内或蒸笼上堆放物品不宜过满过挤，应留有空隙。固体培养料大量灭菌时，每袋以1.5～2.0 kg为宜，料袋在锅内用篦子分层隔开，不能堆压在一起。

3）灭菌期间应保证能产生足够的水蒸气。持续灭菌时，如一次装水，锅内的水量不足以维持至所需要的时间，应在蒸锅侧面安装加水口，以便在蒸煮过程中添加水。添加的水应使用开水，以防骤然降温影响水蒸气产生量。

4）使用间歇法灭菌时，在每次加热后，迅速降温，然后在室温（20～30 ℃）静置24 h，再第 2 次加热。如果降温慢，往往使未杀死的杂菌大量滋长，反而导致灭菌物变质，特别是固体培养料包装过大时，靠近中心部分更易发生这种情况。

5）从使用效果看，分装试管、三角瓶或其他容器的培养基，因其体积小，透热快，用间歇法为佳。固体培养料，因其包装较大，透热慢，用间歇法容易滋生杂菌变质或者水分蒸发过多，培养料变得不新鲜，影响培养效果，因此，使用持续灭菌法较好。

4. 高压蒸汽灭菌

高压蒸汽灭菌是实验室最常用的一种湿热灭菌方法。高压蒸汽灭菌时，利用加压来提高蒸汽的温度。因此其灭菌的原理是利用高温（121 ℃）灭菌。灭菌时注意排除高压灭菌锅内的空气，这是非常重要的，如果高压灭菌锅内混有空气，即使压力超过 0.105 MPa，温度也达不到 121 ℃。因此灭菌时要求将空气完全排除。高压蒸汽灭菌锅的使用方法如下：

1）加水。使用前在锅内加入足量的水（一般锅底设有加水标志线），以防将灭菌锅烧干，引起炸裂事故。

2）装锅。将灭菌物品放在内胆中，上部应留有一定空间，装量不宜超过 3/4；盖好锅盖，旋紧四周固定螺旋，打开排气阀。

3）加热、排气。加热后待锅内沸腾并有大量蒸汽自排气阀冒出时，维持 2～3 min 以排除锅内的空气；大型的高压灭菌锅或灭菌物品较大不易透气时，排空气的时间可适当延长，务必使锅内空气彻底排除，然后将排气阀关闭。

4）保温、保压。当压力升至 0.105 MPa（温度达 121 ℃）时，开始计算灭菌时间，此时应控制热源，保持压力不变。

5）排气。达到需要的灭菌时间后，切断加热源，稍微打开排气阀排气（注意：如果排气阀打开太大，排气过快，由于压力差大的原因会造成培养基剧烈沸腾冲出瓶/管口而沾湿棉塞或将棉塞冲出；如果排气阀打开太小，排气过慢或利用自然降温时，培养基受高温处理时间长，会造成有些培养基的成分分解或变质；因此打开排气阀应先小后大），当压力表降至“0”处（排气阀不再冒气），稍停 1～2 min，使温度降至 100 ℃以下；旋开固定螺旋，开盖，取出灭菌物。

6）保洁。灭菌完毕取出物品后，将锅内余水倒出，以保持内壁、内胆和锅盖内干燥、干净，盖好锅盖。

5. 过滤除菌

过滤除菌是指含菌液体或气体通过细菌滤器，使杂菌留在滤器或滤板上，从而去除杂菌。此法常用于许多不宜用湿热灭菌的液体物质，如抗生素、血清、糖类、维生素、氨基酸、病原物的代谢产物等溶液。用于除菌的细菌滤器，由孔径极小，能阻挡细菌的陶瓷、硅藻土、石棉或玻璃粉等制成。为了加快过滤，一般多采用抽气减压或加压的方法进行操作。细菌滤器的种类很多，主要有硅藻土滤器、陶瓷滤器、石棉板滤器、玻璃滤器（图 13.1）和微孔滤膜等。

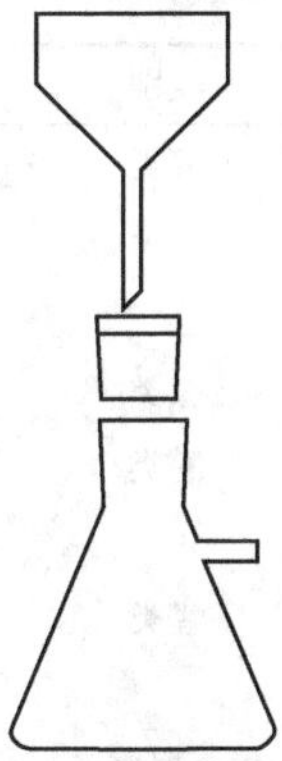

图 13.1　玻璃细菌滤器构件图

除微孔滤膜外，细菌滤器在使用前后都要彻底洗涤干净。新滤器在使用前应先在流水中浸泡洗涤，再放在 0.1%盐酸中浸泡数小时，最后用流水冲洗洁净后使用。硅藻土滤器在使用后立即洗涤，从反方向压入流水冲去滤孔中大部分物质，然后浸入 2%胰蛋白酶液中，并置 37 ℃温箱内 24 h，使残余的有机物完全分解，再用流水冲洗干净，干燥。新的玻璃滤器，使用前要用流水洗涤，再以热盐酸进行抽滤，并立即用蒸馏水洗净，除去滤器中灰尘等杂物。滤器灭菌前应先用水浸湿，然后用 2～3 层纱布包装，放在流通蒸汽灭菌器中加热到 100 ℃维持 1 h，冷却后取出。滤器用过以后，应浸泡在热硫酸中（加入少量硝酸钾及次氯酸钾）24 h 后再用水洗涤，最后再用蒸馏水抽洗，直至没有硫酸为止（可用氯化钡检测至无白色沉淀为度）。注意：勿用洗液浸泡（洗液可能影响玻璃孔的电荷）；玻璃滤器不能用来过滤氢氟酸、热浓磷酸、热或冷浓碱液（这些物质能溶解滤板的微粒，使滤孔变大或造成滤板脱裂）；滤板两面的压力差不能超过 0.098 MPa（滤板的厚度是兼顾到过滤的速度和必要的强度而设计的）。另外，任何一种过滤除菌装置的滤板、滤膜、接受容器和滤板或滤膜的承载装置等使用前都需要事先灭菌。

6. 紫外线杀菌

紫外线的波长范围是 15～300 nm，其中波长在 260 nm 左右的紫外线杀菌作用最强。

紫外线灯是人工制造的低压水银灯，能辐射出主要为波长 253.7 nm 的紫外线，杀菌能力强而且较稳定。此波长的紫外线易被细胞中的核酸吸收，造成细胞损伤而杀菌。

紫外线一般适用于空气灭菌和表面灭菌。在一般实验室、接种室、接种箱、手术室和药厂包装室等，均可利用紫外线灯杀菌。以普通小型接种室为例，按空间容积为 2 m× 2 m× 2.5 m＝10 m^3 计算，在工作台上方距地面 2 m 处悬挂 30 W 紫外线灯 1～2 只，每次开灯照射 30 min，就能使室内空气灭菌，照射前，适量喷洒石炭酸或煤酚皂溶液等消毒剂，可加强灭菌效果。

紫外线对眼黏膜及视神经有损伤作用，对皮肤有刺激作用，所以不能在紫外光灯下工作，必要时需穿防护工作衣和戴防护帽，并戴有色眼镜进行工作。

7. 化学灭菌

化学药剂分杀菌剂和抑菌剂。杀菌剂是能破坏细菌代谢功能并有致死作用的化学药剂，如重金属离子和某些强氧化剂等（表 13.1）。另外有些药剂并不破坏细菌的原生质，而只是阻抑新细胞物质的合成，使细菌不能增殖，称抑菌剂，如磺胺类及抗生素制剂等。

表 13.1 常用化学杀菌剂的使用浓度和应用范围

类别	实例	常用浓度	应用范围
醇类	乙醇	70%～75%	皮肤及器械消毒
酸类	乳酸	0.33～1 mol/L	空气消毒（喷雾或熏蒸）
	食醋	3～5 mL/m³	熏蒸空气消毒，可预防流感
碱类	石灰水	1%～3%	地面消毒、粪便消毒等
酚类	石炭酸	5%	空气消毒、地面或器皿消毒
	来苏尔	2%～5%	空气消毒、皮肤消毒
醛类	甲醛	40%溶液 2～6 mL/m³	接种室、接种箱或器皿消毒
	升汞	0.1%	植物组织（如根瘤）表面消毒
重金属离子	硝酸银	0.1%～1%	皮肤消毒
	硫柳汞	0.01%	生物制品防腐
	高锰酸钾	0.1%～3%	皮肤、水果、蔬菜、茶杯消毒
氧化剂	过氧化氢	3%	清洗伤口、口腔黏膜消毒
	氯气	0.2×10^{-6}～1×10^{-6}	饮用水清洁消毒等
氧化剂	漂白粉	1%～5%	培养基容器及饮水粪便消毒
	过氧乙酸	0.2%～0.5%	塑料、玻璃、皮肤消毒等
染料	结晶紫	2%～4%	外用紫药水，浅疮口消毒
表面活性剂	新洁尔灭	1∶20 水溶液	皮肤及不能遇热器皿消毒
季铵盐类	杜灭芬（消毒宁）	0.05%～0.1%	皮肤创伤冲洗，棉织品、塑料、橡胶物品消毒
烷基化合物	环氧乙烷	50 mg/100 mL	手术器械、敷料、搪瓷类灭菌
金属整合剂	8-羟喹啉硫酸盐	0.1%～0.2%	外用清洗消毒

（三）培养基的制作

培养基即按照微生物生长繁殖所需要的各种营养，用人工方法配制而成的营养基质，其中含有水分、碳源、氮源、无机盐和生长素以及某些特需的微量元素等。同时调节成微生物生长繁殖适宜 pH 范围内。不同的微生物所需要的培养基不同。

培养基的制作流程：原料称量、溶解→调节 pH→过滤、澄清→分装→加塞和包扎→灭菌。

1. 培养基的配制

（1）原料称量、溶解　根据培养基配方，准确称取各种原料成分，在容器（常用铝锅或不锈钢锅）中加所需水量的一半，然后依次将各种原料加入水中，用玻棒搅拌使之溶解。某些不易溶解的原料如蛋白胨、牛肉膏等可事先在小容器中加少许水加热溶解后再冲入容器中。有些原料需用量很少，不易称量，可先配成高浓度的溶液按比例换算后取一定体积的溶液加入容器中。待原料全部放入容器后，加热使其充分溶解，并补足需要的全部水分，即成液体培养基。

配制固体培养基时，预先将琼脂称好洗净（粉状琼脂除外，条状琼脂用剪刀剪成小段，以便熔化），然后将液体培养基煮沸，再把琼脂放入，继续加热至琼脂完全熔化。在加热过程中应注意不断搅拌，以防琼脂沉淀糊底烧焦，并应控制火力，以免培养基因暴沸而溢出容器。待琼脂完全融化后，再用热水补足因蒸发而损失的水分。

1）配制马铃薯葡萄糖琼脂培养基。该培养基简称 PDA 培养基，主要用于真菌的分离和培养，有时也用于细菌的培养。

培养基成分：去皮马铃薯 200 g，葡萄糖 20 g，琼脂 15～20 g，蒸馏水 1000 mL。也可用蔗糖代替葡萄糖，这样配制的培养基也称为 PSA 培养基。不加琼脂即配成 PDA 或 PSA 培养液。

配制方法：将马铃薯洗净去皮，称量，切成细块，放入锅中，加水 1000 mL，煮沸后，转小火力煮 30 min；稍冷后用四层纱布滤去马铃薯残渣；将滤液放回锅中，加入称好的琼脂，加热熔化；然后加入葡萄糖或蔗糖，充分溶解后，加水定容至 1000 mL。

2）配制营养琼脂培养基。这是培养细菌最常用的培养基，又称肉汤培养基，简称 NA 培养基，主要用于细菌的分离和培养，也可用于细菌的纯化和保存。

培养基成分：蛋白胨 5～10 g，牛肉浸膏 3 g，葡萄糖 5～10 g，酵母粉 1 g，琼脂 15～20 g，蒸馏水 1000 mL；pH 7.0～7.2。

配制方法：将称好的琼脂，加热熔化；另称取蛋白胨、牛肉浸膏、酵母粉和葡萄糖，溶于少量热水后加入混匀，然后加水定容至 1000 mL。

（2）调节 pH　　液体培养基配好后，一般要调节至所需的 pH。常用 1 mol/L 盐酸或 1 mol/L 氢氧化钠溶液进行调节。固体培养基酸碱度的调整，与液体培养基同，一般在加入琼脂前进行。加入琼脂后，如需再进行调整时，应注意将培养基温度保持在 60 ℃以上，以防因琼脂凝固影响工作进行。

（3）过滤和澄清　　培养基配成后，往往因其中含有某些未溶解的物质而浑浊或不透明。应在分装前过滤，除去沉渣、颗粒，使之澄清透明。特别是用于观察微生物的培养特征及生长情况、生理生化以及用于平板计数的固体培养基，都要求使用透明度高的培养基。培养基过滤和澄清的方法，有以下几种：

1）纱布过滤。用 3～4 层纱布（医用敷料纱布）或 1～2 层粗平纹白布兜起来，直接倾倒过滤，或把布铺在漏斗上倾倒过滤，这种方法只能滤去较粗渣滓，不能使培养基透明。

2）棉花过滤。用一小块脱脂棉塞在漏斗的上口，使不致浮起也不要塞得过紧，先用少量清水浸湿后，再倾倒培养基过滤。开始时，棉花空隙大，过滤速度快但透明度差，待滤渣逐渐填充棉花空隙后，即形成过滤层，此时滤速渐慢但透明度越来越好。如不换棉花，而把培养基重复过滤一次，可得到较透明的培养基。

加有琼脂的培养基，不论用纱布或棉花过滤，都应在保持 60 ℃以上的情况下进行，否则易造成琼脂凝固而不能过滤。

3）高温澄清。培养基不清的原因，是由于其中有许多胶体混悬物，这些物质在高温下可凝聚而沉淀。因此，把配制好的液体培养基或琼脂培养基，置于高压蒸汽灭菌锅里，加热升压至 0.035 MPa，保持 30 min。降压冷却后取出，静置数小时，即澄清。液体培养基可用细橡胶管，将清液虹吸到另一容器中，再行分装。固体培养基可冷凝成胶冻后，将容器周围稍加热，使胶冻外围熔化后，将整块胶冻倒出来用刀切去沉渣部分，再把澄清部分熔化后分装。

2. 分装

培养基配好之后，要根据不同的使用目的，分装到各种不同的容器中。培养基都是各种营养物质的混合液，且大都具有黏性，在分装过程中，应注意不使培养基沾污管口和瓶口，以免弄湿或粘住棉塞，造成污染。琼脂培养基容易凝固，分装时要使琼脂培养基在50 ℃左右，如果凝固应重新加热使之熔化。用漏斗连接软橡胶管分装试管时，漏斗的装量约分装12支为宜。

培养基的分装量，必须依照使用目的及实验的具体情况决定。如制作试管装斜面培养基，用18 mm×180 mm试管分装培养基，分装量一般为5 mL。分装时，通常使用一个漏斗（小容量分装）或医用灌肠用瓷缸（大容量分装），吊在漏斗架上或墙上，下口连接一段软橡胶管，橡胶管下面再连一小段末端开口处略细的玻璃管，在橡胶管上夹一个弹簧夹。分装时，将玻璃嘴插入试管内，不要触及管壁，压开弹簧夹，注入定量培养基后，达到灌注量（用非刻度试管分装，可用一支空试管装上5 mL水做样本标示装量规格），放下弹簧夹，先止住液体，再抽出试管。切勿使培养基触及管壁或管口。如果大量成批定量分装，可用带保温装置的定量注液器，即将培养基盛入1000 mL或500 mL定量注液器中，调好所需体积，然后通过抽提、压送，即可分装到试管中。注意抽出试管时，勿使培养基沾污管口。

3. 加塞和包扎

培养基分装到各种规格的容器（如试管、三角烧瓶、茄子瓶等）后，应按管口或瓶口的不同大小分别塞以大小适度、松紧适合的硅胶塞、棉塞或泡沫塑料塞。加塞的作用主要在于阻止外界微生物进入培养基内，防止由此而可能导致的污染，同时还可保证良好的通气性能，使微生物能不断地获得无菌空气。由于塞外面容易附着灰尘及杂菌，且灭菌时容易凝结水气，因此，在灭菌前和存放过程中，应用牛皮纸或废报纸将管口、瓶口包裹起来，再用橡皮圈或线绳扎紧。试管装培养基可若干管扎成一捆，或排放在铁丝筐内。

4. 灭菌

一般情况下，经分装、塞棉塞、包扎后的培养基应立即进行高压灭菌。如延误时间，则因杂菌繁殖滋生，可能导致培养基变质而不能使用。特别是在夏季炎热天气，如不及时灭菌，数小时内培养基就可能变质。若确实不能立即灭菌，可将培养基暂放4 ℃冰箱或冰柜中，但时间也不宜过久。

灭菌后，需做成斜面的，应趁热及时摆放成斜面。斜面可在特制的斜面架上摆放，斜面的斜度要适当；使斜面的长度不超过试管长的1/2。摆放时注意不可使培养基沾污棉塞，冷凝过程中勿再移动试管，待斜面完全凝固后，再收集一起。灭菌后的培养基，应保温3～5 d检查，如发现污染，应再次灭菌，以保证使用前培养基处于绝对的无菌状态。

5. 贮放

灭菌（或摆放成斜面）后的培养基应贮放在洁净而阴凉、干燥的地方保存。试管装培养基因灭菌时棉塞受潮，容易引起棉塞和培养基污染，新配制的斜面最好置恒温室数天，等棉塞上的冷凝水蒸发后再贮存备用；装于三角瓶或其他容器的培养基，贮放过程中，不要取下包裹纸，以减少水分蒸发。对含有染料或其他对光敏感的培养基，要特别注意避光保存，特别是避免阳光长时间直接照射。

（四）病原菌物、细菌的分离

1. 菌物的分离

菌物的种类繁多，引起病害的症状也多样。病原菌物分离的方法也要因材料不同而异；同一种材料又可用不同的方法分离。植物病原菌物最常见的分离方法有组织分离法和稀释分离法两种。

（1）组织分离法　植物病原菌物的分离一般都是用组织分离法。具体操作是切取病、健交界处的病组织一小块，先置于70%乙醇中浸3～5 min，接着把病组织移入1%～5%次氯酸钠溶液中浸3～5 min，然后把病组织转移到灭菌水中换洗三遍，最后把组织移到PDA平板培养基或其他适宜的培养基上培养。切取病组织的大小要适宜，一般是切取病组织4～5 mm的小块。组织太大，带的杂菌多；组织太小，其中的病原菌在消毒时容易被杀死。表面消毒时间要掌握好，如果没有把握，病组织又较大，如桃褐腐病、梨褐腐病、维管束组织内的病原菌等，可采用下面的方法比较安全：先切取较大块的病组织，在消毒液中消毒后只切取中央部分，经灭菌水洗过以后直接转移到PDA平板培养基或其他适宜的培养基上培养。

（2）稀释分离法　该方法是微生物学上最早使用的分离法，主要用于分离细菌和酵母等。植物病原菌物的分离一般很少用稀释法分离，但有些产生大量孢子的病原真菌和霉菌，可以配成孢子悬浮液稀释分离。具体方法是将寄主组织受害部位的孢子洗下配成悬浮液，稀释后倒入熔化并冷却到45 ℃左右的PDA培养基或其他适宜的培养基，混匀后即可。操作方法详见植物病原细菌的稀释分离。

分离真菌时经常会有细菌污染，可加入抗生素或把培养基调节到酸性条件来抑制细菌的生长。

2. 细菌的分离

植物病原细菌在病组织中的数量很大，稀释培养可以使病原菌与杂菌分开，形成分散的菌落，容易得到纯培养。因此，植物病原细菌一般采用稀释分离法或划线分离法。

要先镜检确认发病部位有喷菌现象以后，才对该病组织做分离（少数病例无喷菌现象）。

（1）稀释分离法　切取病、健交界处的病组织一小块，先置于70%乙醇中浸3～5 min，接着把病组织移入1%～5%次氯酸钠溶液中浸3～5 min，后再把病组织转移到灭菌水中换洗三遍，再把病组织移入一干净的灭菌培养皿中，用灭菌的玻璃棒研碎或剪刀剪碎，倒入适量的灭菌水以配成细菌悬浮液。静置一段时间后，将细菌悬浮液按一定比例，如 10 倍稀释成几个不同浓度的稀释液，分别从 3 个不同浓度的稀释液中各取 1 mL 于 3 个培养皿中，再分别倒入熔化并冷却到 45 ℃左右的 NA 培养基或其他适宜的培养基，混匀即可。如果对渗透压比较敏感或由于其他原因在清水中会很快死亡的细菌改用灭菌的生理盐水或肉汁胨培养液稀释液比较好。

稀释分离法也可采用下述方法：细菌悬浮液的配制同上；取 3 个灭菌培养皿，标好次序，其内各置无菌水 1 mL，用移置环移取菌悬液一环，放在第 1 皿水中混合均匀，从中挑取一环稀释液至第 2 皿，再以同法稀释成第 3 皿；取熔化后冷至 45 ℃左右（一般将化好的培养基瓶靠近鼻尖，以不烫为度）的 NA 培养基或其他适宜的培养基，每皿倒约 15 mL，沿着桌面轻轻摇匀即可。

（2）平板划线分离法　细菌悬浮液的配制同稀释分离法。用灭菌的接种环蘸取细菌悬浮液在 NA 培养基或其他适宜的培养基上划线。具体划线方法是先在平板的一侧顺序划 4～5 条线；再将培养皿旋转 45°～60°，将接种环在火焰上灭菌后，从第一次划线的末端顺序划出 4～5 条线；再将培养皿旋转 45°～60°，将接种环在火焰上灭菌后，从第二次划线的末端顺序划出 4～5 条线；再将培养皿旋转 45°～60°，将接种环在火焰上灭菌后，从第三次划线的末端顺序划出 4～5 条线。要特别注意第三次划线不能与第一次划线重叠，第四次划线不能与第二次划线重叠。

平板划线分离法也可用于细菌的纯化。

（五）病原菌的培养

培养植物病原菌的主要目的是观察它的性状和研究环境条件对它的影响，或者是大量繁殖后用于接种或其他实验。

植物病原菌物、细菌需要在适宜的、营养丰富的培养基上才能生长好，菌物的培养温度一般为 24～28 ℃，但少数要在 15～20 ℃才能正常生长，少数真菌孢子必须在 5 ℃左右的低温下才能萌发。细菌的培养温度因种类不同而略异。棒杆菌属细菌的生长适温较低（20～23 ℃）；青枯劳尔氏菌则要求在较高的温度（35 ℃）下才能良好地发育；软腐型果胶杆菌在厌氧条件下生长比好气条件下生长更快，致病力更强。

（六）培养性状观察

观察和描述植物病原菌物的培养性状最好是取琼脂平板上培养的菌物。描述时要注明培养基的种类、培养温度、培养时间和光照与否等。观察和记载的主要项目是：①菌落的质地；②菌落形成的菌丝体的性状；③形成成堆孢子是干的或是黏的；④菌落正面和背面的颜色，有无色素渗入培养基；⑤有无特殊气味；⑥菌落是否有扇状部分出现；⑦菌落生长速率；⑧各种子实体和休眠结构的形成和所需时间。

四、作业与思考题

1. 列举植物病理学实验常用材料所采用的灭菌方法，并说出采用该方法的理由。
2. 制作 PDA 和 NA 培养基，并写出制作流程。
3. 如果遇到培养基中的某种成分不能加热灭菌时，应如何处理？
4. 分离植物病原物时，为什么要选择新鲜病材料，并且在病、健交界处取样？
5. 从田间取回一棵病植株，需要分离其病原物。采用何种分离方法最合适？依据何在？如何操作？
6. 写出实验所分离的病原菌及其培养条件、过程和培养性状。

实验十四　植物病原线虫的分离与标本制作

植物病原线虫标本的采集和分离是线虫学研究的基础工作。绝大多数植物寄生线虫生活于土壤中，寄生植物根系或块茎等地下器官，少数植物线虫寄生于植物地上部，危害植物的茎、叶、花和种子。线虫在土壤中的分布及其群体消长与寄主植物根的分布和生长密切相关。植物寄生线虫大多数分布在耕作层中，采集线虫时一般采集土表下 30 cm 以内的根和土壤，其中含有大量线虫。植物线虫的分离主要是根据线虫的寄生特性进行分离，对于根内或组织内寄生的线虫，可采用在水中直接剖取植物组织分离或者将剪碎组织进行贝曼漏斗技术分离；土壤中的植物病原线虫主要采用贝尔曼漏斗技术或过筛法进行分离；而孢囊线虫孢囊的分离主要采用漂浮器法。离心漂浮技术原理是利用大于线虫虫体比重的溶液，将线虫漂浮到液体上层，特别适合用来分离存在于土壤中和植物组织残体中不太活动的线虫，如环科线虫；也适合分离死亡的、蜕皮中的或固定的线虫和卵。本次实验内容主要是采用直接剖离法分离根结线虫雌虫、改良贝尔曼漏斗技术和过筛法分离土壤中的病原线虫。

植物病原线虫小，在分类鉴定时，需要在显微镜下才能观察其细微形态结构。分离获得的线虫标本需要进行杀死，并用某种固定液加以固定后制成临时玻片、半永久玻片或永久玻片进行观察。临时玻片是线虫样本保存在水中制成标本，需要立即观察，只能持续几小时；半永久玻片是在固定液中保存制成标本，可观察几小时至几天；永久玻片标本有利于长期保存和学术交流。本次实习内容主要是对玻片进行半永久玻片制作，并对分离到的线虫进行属的鉴定。

一、实验目的

通过实验，学会根际土壤线虫样本的采集、根结线虫的剖取分离、掌握改良贝尔曼漏斗法与过筛法分离土壤线虫、挑取培养皿水中线虫以及植物病原线虫半永久玻片的制作。

二、材料与工具

（一）土壤样本采集工具

小铁铲或小锄头、自封塑料袋、标签纸、记号笔。

（二）线虫分离工具

每组备用，粗筛 1 个，孔径 1 cm；线虫筛孔 1 套，孔径分别为 2000 μm（16 目）、150 μm（100 目）、75 μm（200 目）、38 μm（400 目）；一小段皮管、水夹或弹簧夹、3 L 塑料桶 3 个（编号 1，2，3）、塑料洗瓶、9 cm 培养皿、解剖针、剪刀、面巾纸、镊子、玻棒 1 根、250 mL 烧杯。

（三）玻片标本制作材料

单孔凹玻片、酒精灯、火柴或打火机、盖玻片、载玻片、羽毛挑针、吸水纸、指甲油、载玻片、甲醛乙酸甘油固定液（FA 固定液）或三乙醇胺甲醛固定液（TAF 固定液）。

（四）线虫观察工具

显微镜、体视显微镜。

（五）分离的样本

采集的土样、含有根结的根结线虫为害根系。

三、实验内容和方法

（一）植物线虫样本的采集

1. 学生分组，确定采样地

将学生分成 4～5 人一小组，每组自主选定校园或实验基地不同生境的作物。

2. 采集土样

刨除 3～5 cm 的表土、杂草。对于果树根系线虫样本采集，每株可采用滴水线下方，均匀 5 点取样法，每个小样本采集营养根及根系土壤 200 g；对于蔬菜或草坪类样本，可随机采集 5 份根及根系小样本，每份 200 g。每个样本都应附上标签，用记号笔记载寄主、地点、土类和采集日期等。

3. 样本标记

样本装在自封塑料袋内，防止水分蒸发，直接拿回实验室分离。如果未直接分离，放置避光阴凉处或 8 ℃冰箱中。5 个小样本最终均匀混合成一个 1000 g，混合均匀，根据需要再分成小样本。

（二）植物病原线虫的分离

1. 根结线虫雌虫的剖离

病根由学生采集或由实验基地提供，采集于人工接种保存繁殖的根结线虫病株。

将含有根结的根系样本表面淋洗去黏附的土壤，用剪刀剪取 3 cm 左右，含有根结的根段，放入 9 cm 培养皿的水中，在可调变倍体视显微镜以 15～50 倍的放大率，观察根结，小心地用镊子撕开根结表皮，并用细解剖针挑出根结内的雌虫，要避免刺破虫体。

观察根结表面是否有卵囊，或黏附的雄虫。

2. 改良贝尔曼漏斗法分离土壤中的线虫

1）用一小段皮管接到漏斗颈上，并用止水夹或弹簧夹夹住皮管底部，漏斗固定在合适的漏斗架上，往漏斗内注入 3/4 的水。

2）将土样适量弄碎，必要时用 5 mm 孔隙土壤筛过筛，将根剪成 1 cm 长的小段。称取剪碎的植物根与土壤 100 g，样本重量根据土壤质地及湿度等而定。

3）取一浅筛（3 mm 左右孔隙）。在浅筛底部放入一小块面巾纸，再将剪碎的植物根与土壤（100 g，样本重量根据土壤质地及湿度等）铺在面巾纸上，面巾纸周边折卷于土壤表面。

4）将筛放入漏斗内的水中，加适量水浸过样本表面 5 mm。

5）由于线虫的活动性及重力影响，线虫游离并下沉至漏斗的底部，经过 12～36 h，小心放出漏斗底部的少量水（5 mL 左右）于烧杯中。

6）将烧杯收集的含线虫的水倒于培养皿中，在体视显微镜下检查线虫。

注意事项：分离线虫在 25 ℃左右温度下进行，有利于线虫的移动；这种方法不适合分离活动能力差的线虫，如环科线虫或定居型线虫。

3. 过筛法分离土壤中的线虫

利用线虫与其他土壤成分之间的大小差异和各自不同的比重进行分离。

1）用 1 cm 孔径的粗筛，筛除土壤中的土块、根系等。

2）混合土样（250 cm^3）放在塑料桶 1 中，加入 1 L 自来水，如土样较干、硬、块状，可用水浸泡土样 30～60 min，浸泡过程中搅拌 3～5 次。

3）用玻棒顺时针充分搅拌，直至土与水形成均匀悬浮液，静置，直至桶中水基本停止旋转。

4）将桶中的水通过 2000 μm 孔径筛过筛到桶 2 中，但下部土壤沉淀物保留于桶 1。

5）再在桶 1 中加入 1 L 水，重复 3）～4）步骤，重复 2 次，桶 2 保存近 3 L 水，桶 1 下沉的大土粒及网筛上物均弃掉，清洗干净。

6）桶 2 中的水样，重复 3）步骤后，将水部通过 150 μm（100 目）孔径筛至桶 1，下部土壤沉淀物弃去，清洗干净；用塑料洗瓶从 150 μm 孔径筛背面水冲洗到烧杯 1，在烧杯上注明“100 目”或“150 μm”。

7）桶 1 中的水样，用 75 μm（200 目）、38 μm（400 目）孔径筛重复 6）步骤，把各号筛上的筛出物收集在烧杯中，并贴上相应的标签。

8）收集到烧杯中的水溶液可转移至玻璃试管内，沉淀 1～2 h，然后小心吸去上清液，底部留下约 10 mL 水溶液。

注意事项：用细筛过筛时，筛孔容易堵塞。为了避免堵塞，在线虫悬浮液过筛时将筛倾斜 30°夹角和轻轻拍打筛子的下侧，使悬浮液能在筛子上流动。让水在筛子上弯曲流动一段时间有助于水的清洁。

本适合分离能分离出活动能力差和活动性线虫，但分离物可能比较含杂尘多，影响视野，如需要可再通过改良贝尔曼漏斗法或蔗糖梯度离心法收集干净线虫。

（三）线虫的挑取、杀死与固定

1. 线虫的挑取

1）用鹅、鸡或鸭翅膀的羽毛杆削成的羽针，竹针或羽针末端削成极尖细。

2）将线虫悬浮液倒在小培养皿中，水层不要过厚，使线虫保持在浅水层。

3）在体视显微镜适当的放大倍数下观察线虫，左手转动调节轮调整焦距，用挑针先将线虫挑到水表面，右手所持挑针的针尖直接托在线虫虫体下并迅速往上挑出水面，这样线虫就附在针尖上。

4）将针尖往事先滴在载玻片中央的水滴中轻轻拖过，线虫就释放至载玻片上的小水滴中。

2. 临时玻片的制作

临时玻片是在上述玻片上水中的线虫被杀死后，直接制作而成，费时少，且线虫内部结构清楚，有利于线虫观察或拍照。

3. 半永久玻片制作植物线虫的杀死与固定

1）在一载玻片中央的水滴中，挑入 10～15 条同种线虫。

2）将上述挑好线虫的载玻片，在酒精灯的火焰上拖拉过火几秒钟，加热时用体视显微镜观察，等线虫突然伸直或形成一致的固定体态为止。

3）将杀死后的线虫标本，挑取 5～7 条最好的样本，转移到一载玻片中央的一滴常量的 FA 或 TAF 固定液。

4）体视镜下观察，用挑针小心将虫体压沉到水底，并尽量平行排列中间，加盖盖玻片，如有过量固定液溢出盖玻片外，用吸水纸吸干。

5）盖玻片边缘用指甲油封固。

6）玻片做好标记，并在显微镜下不同倍数观察。

7）标记玻片所观察到的线虫至属（如果能辨认出），标记属名、数量、雌雄、寄主植物、日期、采集地及制作者。

8）画出标本中能看到的线虫各部位。

四、作业与思考题

1. 以小组为单位，完成一份实习报告，包括线虫标本采样、线虫分离、线虫杀死与固定、标本制作的内容，并尽可能地将土样中分离到的植物线虫都进行挑取、观察、拍照及属的鉴定。

2. 改良贝尔曼漏斗法与过筛法分离线虫，阐述其分离原理，并从实验中分析其优缺点。

3. 查阅资料，除实验中的几种植物线虫分离方法外，还有哪些分离方法，以及其优缺点。

实验十五　植物病原物的计测与显微描绘

植物病原微生物的个体微小，其大小和数量一般要借助显微镜进行计测。显微镜检查时，往往要计测孢子、菌丝体、子实体以及其他观察到的物体的大小；有时还要在显微镜下描绘所观察的对象，如病原真菌的形态和寄主细胞或组织的形态变化等。通过计测和描绘，将观察的结果用数字或图来表示，有利于与前人以及国内外同行工作者的工作进行比较。

植物病理学上的显微计测，主要是测量微生物的大小，如真菌的菌丝体、子实体和孢子的大小等，孢子的计测尤其重要。显微计测的方法很多，如目镜测微尺法、显微绘图仪法、螺旋测微计法、放映计测法和镜台十字推进器法等，但最常用的是目镜测微尺计测法。目镜测微尺计测法所用工具主要是镜台测微尺和目镜测微尺。目镜测微尺是放在目镜内的一种标尺，有两种类型，即固定式与移动式。固定式目镜检测尺为一块圆形玻璃片，直径为 20～21 mm，在它的上面刻有两种形式的标尺，即直线式和网式，前者适宜测量标本长度，后者用来计算数目和测量物体的面积，也可测量长度。使用目镜测微尺时，先将目镜自镜筒中抽出，旋去接目透镜，然后将目镜测微尺放在目镜的光阑处，注意有刻度的一面朝下，再将接目镜旋上，插入镜筒．在显微镜下，测微尺的每一刻度代表的大小（长度或面积），因显微镜放大倍数及镜筒长度而不同，因此在使用接目测微尺测量孢子之前，必须用一个标准的长度来进行标定，这就是镜台测微尺。镜台测微尺（图 15.1）是一种大小、形状和载玻片相似的特制玻片，其圈中央有极细的刻度标尺，全长为 1 mm，共划分为 10 大格，100 小格，每一小格为 0.01 mm，即 10 μm。标尺的外围有一黑色的粗线环，便于寻找，标尺用圆形盖玻片封牢。

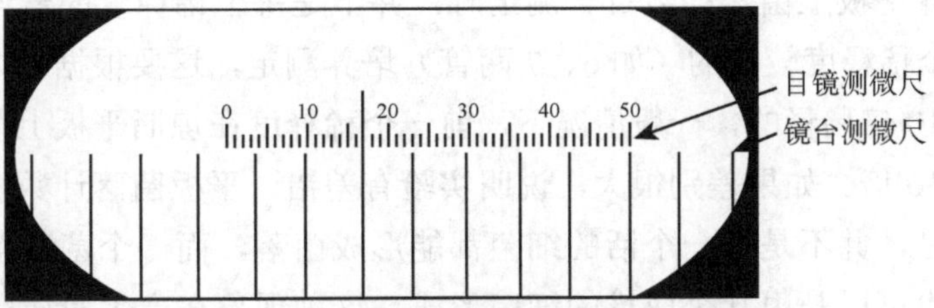

图 15.1　目镜测微尺与镜台测微尺示意图

真菌孢子或细菌数量的计测方法很多，如平板菌落计数、显微计数和比浊法，真菌常用血细胞计数板来测量孢子的数量。

血细胞计数板（图 15.2、图 15.3）是一块特制的加厚的载玻片，在中部有 4 条纵槽，一条横槽，组成“H”形，在上下两个方框中刻有高度精确而纤细的刻线，加放盖玻片后，上下两方框离盖玻片的距离为 0.1 mm，在每个方框中有 9 个边长各为 1 mm 的大格，中间一个大格的部位（血细胞计数室）适合测孢子的数量，这个大格的边长 1 mm，面积为 1 mm^2。这个大格又分成 25 个中格，每个中格都用双线分开，中格边长 0.2 mm，面积为 0.04 mm^2。每个中格又分成 16 个小格，每个小格边长为 0.05 mm，面积为 0.0025 mm^2=1/400 mm^2。所以每个大格的体积 1 $mm^2\times$0.1 mm=0.1 mm^3；每个中格的体积 0.04 $mm^2\times$0.1 mm=0.04 mm^3；每个小格的体积=1/400 $mm^2\times$0.1 mm=1/4000 mm^3。因此，每毫升孢子数量=每小格平均孢子数$\times$4000$\times$1000=每个小格的菌数$\times 4\times 10^6$。

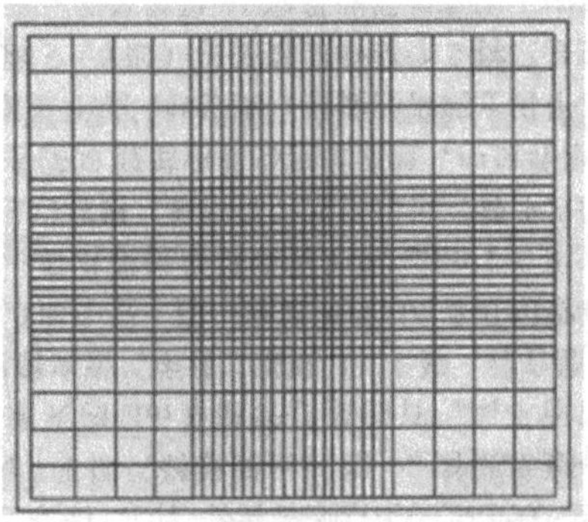
图 15.2　血细胞计数板示意图

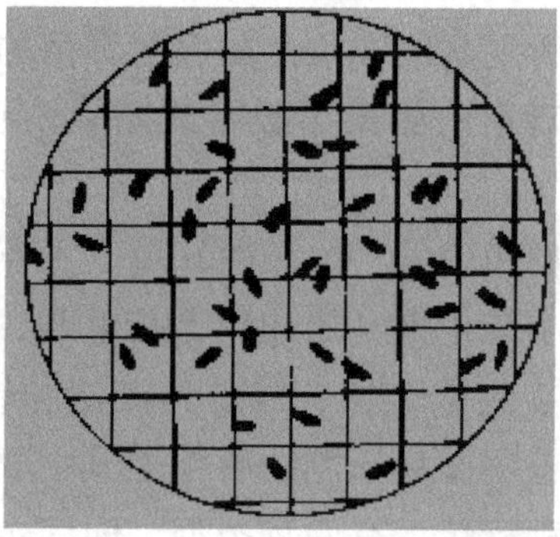
图 15.3　血细胞计数板计数示意图

平板菌落计数法常用来计算细菌的数目。测定时将细菌悬浮液定量稀释后，在平板培养基上培养，从形成的菌落数和稀释倍数，可算出每毫升悬浮液中的细菌数。细菌悬浮液一般都是按 10 倍的比例稀释，如 1∶10、1∶100、1∶1000 等，但是操作方法有所不同。有的是每管加 9 mL 的灭菌水，将细菌悬浮液 1 mL 加入管中，充分混合后，吸 1 mL 到第二管中，依次稀释得到不同的稀释度。有的是用小试管，每管加 0.9 mL 的灭菌水，第一管中加 0.1 mL 的细菌悬浮液，以后每次稀释也都是用 0.1 mL。至于应该稀释到第几管，要看原来细菌悬浮液的浓度，一般是稀释六七管，可以根据经验增减。稀释以后，每管中吸 1 mL 或 0.1 mL 加到灭菌的培养皿中，然后加熔化并冷却到 50 ℃左右的琼脂培养基，充分混合后培养，计算平板上菌落的数目。测定时，并不是每个稀释度的悬浮液都要培养和测定，一般只将 2 个稀释度较高的（如 6、7 两管）培养测定，这要根据具体情况决定。由于细菌悬浮液是成 10 倍稀释的，一般情况下，前一个稀释度在琼脂平板上菌落的数目大致是后一个稀释度的 10 倍。如果差别很大，说明实验有差错。平板菌落计数法所测定的是活的细菌。需注意的是，并不是每一个活的细菌都能形成菌落，而一个菌落也并不一定是由单个细菌形成的，也可以是由几个成堆的细菌形成，这种现象在产生胶质较多的细菌中更加突出。因此平板菌落计数法测得菌落的数目，一般都低于实际数目。由此可见，平板菌落计数法测定的是菌落形成单位（colony forming unit，CFU）。

显微描绘除可利用显微放映器外，常用的就是显微描绘仪。显微描绘仪的种类很多，它们都是利用棱镜折光的原理。调节光线后，在显微镜下可以同时看实物、铅笔尖和绘图纸。因此，能按实物的形状描绘。显微描绘仪主要是由显微描绘接目镜（内装三棱镜）、调节器、反光镜（平面镜）三部分组成。另外，较高级的显微镜通常配有数字照相系统，配合配套的显微图像处理软件，可实现微生物的拍照、录影及大小的计测。

一、目的要求

学习显微计测与描绘、细菌计数的一般方法。要求掌握目镜测微尺的标定方法，测量出 1～2 种病菌孢子大小，学会在显微镜上安装和使用显微描绘仪并描绘出 1～2 个病菌孢子和细菌的平板菌落计数法。

二、材料与用具

（一）材料

香蕉枯萎病菌（*Fusarium oxysporum*）、白菜炭疽病菌（*Colletotrichum nigrum*）、麦类白粉病菌（*Blumeria graminis*）的孢子悬浮液，番茄青枯病菌（*Ralstonia solanacearum*）、白菜软腐病菌（*Pectobacterium carotovora* subsp. *carotovora*）菌种。NA 培养基、蒸馏水、无菌水等。

（二）用具

目镜测微尺、镜台测微尺、血细胞计数板、显微描绘仪、培养皿、振荡器、移液管、吸管、标签、培养箱等。

三、实验内容和方法

（一）孢子大小的显微测量

1. 标定接目测微尺

目镜测微尺与镜台测微尺配合使用。首先将镜台测微尺放在载物台上，如前述的操作过程对准焦距，移动玻片使刻度标尺的一端重合。再寻找两个标尺的另一重合刻度，使镜台测微尺有任何两条线与目镜测微尺的两条线重合。分别记下目镜测微尺和镜台测微尺的格数，如此观察三次。计算出目镜测微尺在低倍镜和高倍镜下每格的平均长度。目镜测微尺每小格的长度＝（台尺格数× 10 μm）/目尺格数。准定数值只适用于准定的显微镜，换用其他显微镜或镜头和镜筒长度改变时，必须重新确定。

2. 孢子大小的测量

目镜测微尺标定结束，移去镜台测微尺，换用待测标本的玻片，对准焦距，就可以用目镜测微尺的标尺测算标本的长度。通常在病原物生物图上要标有相应的比例尺。取配成的孢子悬浮液滴于载玻片上，加盖玻片，在低倍镜下或高倍镜下测量分生孢子的长和宽，选其大小不同的孢子各 30 个。

3. 注意事项

1）材料要新鲜。

2）一种真菌在不同的寄主上孢子的大小可以不同，即使在同一寄主上，也受气候和其他环境的影响而有变化。

3）计测的孢子应该是成熟的孢子。

4）计测时所用的浮载剂可能影响计测的结果。

5）孢子计测的数目常影响所计测病原物的准确性。一般来说，量菌丝体的宽度；分生孢子梗的长和宽，子囊、子囊壳和分生孢子器的大小，各量 5～6 个即可，分生孢子要量 20～30 个。

6）孢子的大小记载及表示方法不一，有的仅计平均值，有的记载其大小的幅度。例如，幅度是 8～12 μm，即可知平均值约为 10 μm，或幅度为（3～6）μm×（20～40）μm 等，这就指出了最普遍的大小及其变异范围。

（二）孢子数目的显微计数

首先将培养的菌液摇动均匀后用滴管滴在血细胞计数板中央平台上，盖上盖玻片，如果菌液浓度过大，则要先稀释再将稀释的菌液用来镜检、计数。通常检查 5 个中格内的孢子数，5 个中格分别在四个角上和中央，共计 80 个小方格内的孢子总数。计数的方格多且分布在不同方位上，可以避免孢子在各方位上分布不均所造成的误差。每毫升测量的菌液中孢子浓度=80 个小格中孢子总数×4 000 000÷80=80 个小格中孢子总数×500 000。

注意事项：计数时，为了避免落在小方格边线上的孢子被重复计数或漏计的现象，宜采用“上计下不计、左计右不计”（或“下计上不计、右计左不计”）的原则，使落在边线上的孢子保证被计算到，且不会重复计算。

（三）病原物形态的显微描绘

显微描绘接目镜装于显微镜的接目镜上，适当调整反光镜的角度、三棱镜的光孔及调节器的光强弱，当显微镜中病菌上的光亮度与绘图纸上的笔尖上的光亮度相接近时，就能按实物的形状描绘。

注意事项：

1）反光镜位置的角度应该是 45°。

2）在未画完之前切勿移动描绘仪和绘图纸。

3）描绘用的铅笔笔头要削尖。

4）调节显微镜光的强度，使所描绘的物体与笔尖都能同时看得很清楚。

5）先用描绘仪绘出草图，然后再作精细的修整。

在显微描绘仪下描绘白菜炭疽病菌的分生孢子，先作草图，然后修整。

（四）平板菌落计数

1. 稀释悬浮菌液的制备

活化后的菌种，平板或斜面培养后的菌苔，加入适量无菌水（斜面菌苔加入约 5 mL，平板菌苔入约 10 mL），用接种环将菌苔轻轻刮下并打散，制成菌液，无菌操作条件下将菌液移入灭菌过的试管（黏性大的菌可在每个试管中加入 3～5 粒灭菌过的玻璃珠），加塞，在振荡器上振荡约 5 min（振荡频率低于 500 r/min 的需延长振荡时间，下同），若用液体培养基培养的菌液，直接将培养瓶在振荡器上振荡约 2 min；待菌液稳定后，在无菌操作条件下，用灭菌过的移液管移取菌液 1 mL 至装有无菌水 9 mL 的试管中，再用振荡器振荡约 2 min，稀释成悬浮菌液；反复上述定量稀释 7～8 次（每次稀释必须换一支移液管，移液管"吹"的时候不可吹得太快），使最终稀释菌液含菌量在 1 mL 40～80 个菌体。

2. 平板制作

在灭菌过的培养皿中加入上述稀释菌液（最终稀释菌液）1 mL，倒入熔化并冷却到 50 ℃左右的琼脂培养基，盖上皿盖后，立即用手指轻轻旋动培养皿，使菌液与琼脂培养基混合均匀，重复制作 5 个含菌平板；另取上一个（倒数第二次）稀释菌液，如法制作含菌平板；平板冷却凝固后，在培养皿侧面贴上标签，将培养皿倒置，于 25 ℃左右的恒温箱中培养约 18 h。

3. 菌落数计算

培养时间到，取出培养皿对着光源观察平板上是否有形成针头大小菌落，若无，则继续培养 1 h，再观察一次；若 5 个重复均可见平板上有菌落形成，则可计数。计数时，将培养皿底朝向眼睛，皿盖对着光源，用记号笔在皿底上对着观察到的菌落点一点；全皿点完后经反复观察无遗漏，将点数记录下，即该皿菌落数。再继续培养 1 h，观察皿底上是否有增加新菌落；若新增加的菌落数较多（新增加的菌落数大于 1/3），需再继续培养 1 h 后，再重新计数；若新增加的菌落数不多，将新增加的菌落数加上原来记录的菌落数，即该皿最终菌落数。取 5 次重复平均值，乘上稀释总倍数则为初次制备菌液的每毫升含菌量（CFU/mL）。

注意事项：影响测定结果的主要因素是每次稀释后菌体是否均匀悬浮在菌液中、培养皿中菌落数太多和培养时间太短（有些菌落未长成）或太长（不同菌落融合不可辨）。因此，要注意以下几点：

1）固体培养的菌苔一定要打散到肉眼无可见菌苔块，菌液振荡要充分，使菌体均匀悬浮在菌液中。

2）培养皿中菌落数若超过 100 个，因可能多个菌体粘在一起形成一个菌落，影响计数准确度。

3）5 次重复的菌落数观察值变异系数大于 15%，或上下两个稀释度菌落数相差值与 10 倍差异较大的必须重新计数。

4）培养时间太长，将会使菌落大量融合，影响计数准确度。

5）计数时，若出现可辨认的双菌落融合在一起，应以 2 个菌落计。

四、作业与思考题

1. 测量几种病原菌的分生孢子大小并写出报告，并用显微描绘仪绘图。

2. 进行显微描绘时，时常发生看不清病菌或看不清铅笔尖，应该怎么办才能使病菌、纸和笔尖都清楚？

3. 为什么要用显微描绘来绘图？

4. 写出平板菌落计数的具体操作过程和结果。

实验十六　植物病原细菌的生理生化特性测定

任何细菌的生长繁殖会受到多种因素的影响，如温度、湿度及营养条件等，在适宜的条件下，细菌的生长繁殖速度快。细菌的生长繁殖也是新陈代谢的过程，这些过程主要是各种酶促反应过程。不同种细菌生长所需的条件及其细胞内酶的活性是不同的，而细菌酶活性的不同主要表现在对含碳、含氮化合物以及其他物质的分解利用能力和由此产生的代谢产物的差异。通过生理生化实验可以测定出这些差异，这些差异可作为细菌分类的重要依据。

目前测定细菌的生理生化的方法有常规传统的方法和自动化鉴定系统，其中美国Biolog公司生产的自动微生物鉴定仪（Biolog鉴定系统）可鉴定包括细菌、酵母和真菌在内约2000种微生物。其主要根据微生物对不同碳源代谢率的差异，针对每一类微生物筛选95种不同碳源，配合四唑类显色物质（如TTC、TV），固定于96孔板上（A1孔为阴性对照），接种菌悬液后培养一定时间，通过检测微生物细胞利用不同碳源进行新陈代谢过程中产生的氧化还原酶与显色物质发生反应而导致的颜色变化（吸光度）以及由于微生物生长造成的浊度差异（浊度），与标准菌株数据库进行比对，即可得出最终鉴定结果。本实验主要介绍常规传统的测定方法。

一、目的要求

学习并掌握常用细菌生理生化指标测定的方法。

二、材料与用具

（一）材料

甘蓝黑腐病菌（*Xanthomonas campestris* pv. *campestris*）、番茄青枯病菌（*Ralstonia solanacearum*）、白菜软腐病菌（*Pectobacterium carotovora* subsp. *carotovora*）、枯草芽孢杆菌（*Bacillus subtilis*）。

（二）用具

天平、称量纸、药勺、量筒、烧杯、试管、三角瓶、杜氏发酵管、移菌环、乙醇、pH试纸、高压灭菌锅、试管架。

三、实验内容和方法

（一）生长温度的测定方法

1. 培养基的配制

肉汁胨培养液：牛肉浸膏 3.0 g、蛋白胨 10.0 g、蒸馏水 1000.0 mL，pH 7.2～7.4，静置除去沉淀分装试管，每管约 5 mL，121 ℃，20 min 灭菌，备用。

2. 接菌的方法

先测定 0、6 ℃、12 ℃、20 ℃、30 ℃、37 ℃和 42 ℃等几个温度（根据不同的细菌而定），将培养 24 h 左右的细菌斜面，加适量的灭菌水配成细菌悬浮液，浓度约为 10^8 CFU/mL，每管接菌 0.1 mL。培养后定期观察浑浊度并记载。

注意事项：

1）培养液要求澄清和没有沉淀物。

2）试管可用 14 mm × 140 mm 的，要选光洁而大小一致的。

3）接种量应严格控制在每管接菌 0.1 mL。

（二）细菌致死温度的测定——毛细管测定法

取长 10 cm、内径 1～1.5 mm 的玻管，两端塞小段棉花，灭菌后在火焰上拉细，中间折断就成为两个毛细管。用毛细管吸取少量细菌悬浮液或液体培养的菌液，断口用火焰封闭，毛细管在不同的温度的恒温水浴中处理一定的时间（一般是 10 min），然后打破管口，菌液吹入培养基中，根据能否生长确定致死温度。该方法也用于测定细菌芽孢的致死温度。

（三）耐干能力的测定方法

取直径约 4 mm 的玻棒，切成长约 5 cm 的小段，放在培养皿中（每个培养皿放 12～16 个）灭菌。将适量培养有细菌的肉汁胨培养液加在培养皿中，然后用灭菌的镊子，在无菌的条件下，将玻棒移在另一灭菌的培养皿中，一端架在培养皿中的玻棒上，任其干燥，干燥期间保持一定温度（25 ℃左右）。每隔一定时期，用灭菌的镊子取出一段放在培养液中，观察能否生长。

也可用灭菌的盖玻片代替玻棒，盖玻片上涂 1 滴菌液，放在灭菌的培养皿中，任其干燥，按上述测定的方法测定其能否生长。

（四）耐盐性的测定方法

1. 培养基的配制

蛋白胨 5 g，蔗糖 5 g，K_2HPO_4 0.5 g，$MgSO_4 \cdot 7H_2O$ 0.25 g，NaCl 20 g、30 g、40 g、50 g，蒸馏水 1000 mL。pH 调节到 7.4，分装试管，每管约 5 mL，121 ℃，20 min 灭菌，备用。

2. 接菌的方法

将培养 24 h 左右的细菌斜面，加适量的灭菌水配成细菌悬浮液，浓度约为 10^8 CFU/mL，每管接菌 0.1 mL。培养后定期观察浑浊度并记载，到 14 d 为止。

（五）好氧性和厌氧性的测定方法

植物病原细菌都是需氧性的或兼性需氧性的。细菌生长与空气的关系，可用以下方法测定（Hugh 和 Leifson 的方法，简称 HL 测定）。

1. 培养基的配制

蛋白胨 2 g，NaCl 5 g，K_2HPO_4 0.2 g，琼脂 3 g，蒸馏水 1000 mL，溴百里蓝（1%水培液）3 mL。pH 调节到 7.1。试管盛培养基的深度达到 4～5 cm，灭菌后加用过滤或其他方法灭菌的葡萄糖，培养基中葡萄糖的含量是 1%。

这是一种软琼脂培养基，从底部缺氧状况逐渐过渡到顶部有氧状况，可以用来观察细菌生长与供氧的关系。

2. 接菌的方法

培养 24 h 左右的细菌配制成浓度约为 10^8 CFU/mL 的细菌悬浮液，针刺接种（一直刺到管底），或者将培养基冷却到 39～40 ℃，滴入一定量的细菌液，充分混合后任其冷却凝固。取两管接菌的，上面加一层灭菌的液体石蜡与凡士林等量混合物，深度约 1cm，用来隔绝空气（闭管），另外两管接菌的则不加液体石蜡和凡士林混合物（开管）。同时，分别取两管不接菌也不加液体石蜡、凡士林混合物和两管不接菌而加液体石蜡、凡士林混合物的作为对照。在适温下培养，经过 1 d、2 d、4 d、7 d、14 d 后观察并记载结果。

这方法主要用来区别一种细菌在含糖培养基上产生酸是由于氧化作用或发酵作用。氧化产酸（如葡萄糖氧化产生葡萄糖酸）必须有分子氧的存在，因此氧化产酸只在开管的上部产酸，指示剂的颜色改变；发酵产酸则在开管和闭管中都可以产生酸。闭管的作用是减小氧化作用，使发酵作用更加清楚。如果还产生气体，则在琼脂柱内可以看到气泡。

该测定还可区别细菌的好氧性、兼性厌氧性和厌氧性。好氧性的细菌，只在开管的上部生长（加指示剂则便于以颜色的变化来判断）；兼性厌氧性细菌，则在开管的上下部都能生长；厌氧性细菌，则只能在开管的下部和闭管中生长。

（六）发酵实验

碳素化合物发酵实验的测定方法是在基本培养基中加1%要测定的碳素化合物。接种细菌并培养后，测定代谢产物的酸碱性和气体的产生与否。许多发酵实验是用含蛋白胨的培养液如肉汁胨培养液、蛋白胨培养液等。这些培养液的缺点是其中的蛋白胨和其他有机氮素物质分解时产生的碱性物质（氨和氨化物），可以部分中和碳素化合物分解时所产生的酸。同时，这些培养液的缓冲能力也较强，因此一般适用于测定产酸能力较强的微生物。

为了避免蛋白胨和其他因素的干扰，用组合培养基较好，它的成分和缓冲能力是已知的。同时，还可以知道这种细菌能否利用测定的碳素化合物作为唯一碳素营养的来源。以下介绍两种较适宜的基本组合培养液：

A. NH_4Cl 1 g， KH_2PO_4 4 g， K_2HPO_4 4 g， $MgSO_4 \cdot 7H_2O$ 0.2 g， $FeSO_4$ 0.028 g，$ZnSO_4$ 0.003 g，烟酸 0.010 g，蒸馏水 1000 mL。

先将烟酸溶于水中，然后加其他成分。由于培养液中两种磷酸缓冲盐的用量较大，所以特别适合于一些产酸能力很弱的细菌如假单胞杆菌属细菌。

B. $(NH_4)H_2PO_4$ 1.0 g，KCl 0.2 g，$MgSO_4 \cdot 7H_2O$ 0.2 g，蒸馏水 1000 mL。

该培养液必要时可加 0.2 g 的酵母浸膏促进生长。

为了测定细菌利用碳素化合物的代谢产物的酸碱性，比较简便的方法是在培养基中加入适当的指示剂，如常用的有酚红、溴甲酚紫、溴百里蓝。酚红（pH 6.4～8.4）适用于测定碱性和微酸性方面的变化，溴甲酚紫（pH 5.2～6.8）适用于测定酸度较大的变化，溴百里蓝（pH 6.0～7.6）对酸性和碱性方面的变化都能测定。溴百里蓝是使用最多且测定产酸能力最敏感的指示剂。一般是每 1000 mL 的培养液中加入 1 mL 1.6%的溴百里蓝乙醇溶液。但须注意，有些缓冲能力很差的培养液，吸收了空气中的 CO_2，酸度可以发生变化而使溴百里蓝指示剂改变颜色，影响测定结果的判断。因此，发酵试验都要以不接菌的培养液作为对照。

1. 测定方法

培养基灭菌后分别加入过滤灭菌的碳素化合物溶液（10%），使碳素化合物在培养基中最终浓度为1%，然后每根试管（15 mm × 130 mm）中装 5 mL 的培养液，如果要测定该细菌是否产气，则在每管中放一支杜氏发酵管，并加入 0.1 mL 浓度约为 10^8 CFU/mL 的细菌悬浮液，置 25～28 ℃下培养 3 d、7 d、14 d、21 d 时观察记载结果。

2. 测定的碳水化合物

碳水化合物可根据所选的菌株以及各实验室的条件进行选择，如 L-阿拉伯糖、纤维素糖、乳糖、麦芽糖、松三糖、蜜二糖、棉子糖、鼠李糖、蔗糖、海藻糖、D-木糖、核糖醇、丁烷-2, 3-二醇、卫矛醇、赤藓糖醇、肌醇、D-山梨醇、邻氨基苯甲酸、苯甲酸盐、戊二酸、乳酸、乙酰丙酸、丙二酸、草酸、丙酸、琥珀酸、D-(−)-酒石酸、L-(+)-酒石酸、M-酒石酸、β-丙氨酸、氨基戊酸、乙酰胺、色胺、菊粉、水杨苷、糊精。

四、作业与思考题

1. 测定细菌的好氧性与厌氧性实验时须注意哪些事项？从该实验中还可观察到哪些现象？

2. 将实验结果记入下表 16.1。

表 16.1　植物病原细菌各属的生理生化反应测定

属名	碳水化合物的利用 [能（+）/否（−）]	氧化反应（+）/ 发酵作用（−）	好氧性（+）/ 厌氧性（−）	产气（+）/ 不产气（−）	生长温度	耐盐性

实验十七　植物病原物血清学检测

所谓抗体就是将细菌、病毒、其他的磨碎物、自活物或提出物，如蛋白质、脂多糖复体、蛋白质多糖复体、多糖、多肽等注射到恒温动物的体内，动物的血液中可以产生与注射物起作用的物质，这种物质统称抗体。能够诱发抗体产生的注射物称为抗原。其中抗体是一种丙种球蛋白（γ 球蛋白），存在于动物的血清中。含有抗体的血清称为免疫血清或抗血清。抗原和抗体之间发生的各种作反应称作血清学反应。重要的血清学反应有凝集反应、沉淀反应、酶联免疫吸附反应、补体固定反应、溶血反应、中和反应等。由于抗原与抗体的反应具有高度的特异性，因此血清学反应是专化的，并且是很敏感的，某种病原物或提取物只能与其自身或抗原性相关的物体所产生的抗体发生反应。因此制备的某种抗血清可用于检测某种待测物（如病原体）是否为与某种特定的抗原性相关的物体。以下介绍几种常用的血清学反应。

凝集反应。将活的或者死的细菌注射到动物体内，可以促使在动物的血清中产生一种称为凝集素的抗体。含有凝集素的抗血清，跟注射细菌（或有亲缘关系的）的悬浮液混合，细菌就凝集成团而沉落下来，这就是凝集反应。凝集反应第一阶段是抗原和抗体相结合而使它们团聚。抗体一般是 2 价的，它可以和细胞或大分子的抗原结合，形成网络状结构。抗体好比是连接细胞或分子的桥梁。当这种桥梁的数目很多，达到一定的量时，即形成团聚物或沉淀。第二阶段是使这些团聚物沉落下来，类脂物和电解质能促进它的沉落。凝集反应的测定方法是将一定浓度的细菌悬浮液（或其他待测物质）与不同稀释度的抗血清作用，测定可以发生凝集反应的最大稀释度。抗血清的效价也是用这种方法测定的。

凝集素吸附反应。凝集素吸附反应是根据细菌与相应的抗血清混合作用以后，血清中的凝集素就被吸附而不再有作用。但是细菌能否吸附凝集素，是部分吸附还是全部吸附，还要看它的抗原成分。例如，将抗原成分是 A、B、C、D、E 的细菌注射动物得到的抗血清，其中抗体的成分也是 A、B、C、D、E。如果抗原成分是 A、B、C、F、G 的细菌与这种抗血清起作用，只能吸附其中的抗体 A、B、C，而抗体 D、E 则仍保留在抗血清中。这种经过吸附后的抗血清与含有抗原 D 或 E 的细菌起作用，仍能发生凝集反应。

沉淀反应。若以分子状态的抗原注射动物，动物血液中产生一种称为沉淀素的抗体。促使产生沉淀素的抗原是多种多样的，如病毒、毒素、细胞提取物、蛋白质、多糖复体等。沉淀反应的机制与凝集反应相似，抗原是多价的，抗体是 2 价的，先形成网格状结构，达到一定的量就产生沉淀。沉淀反应和凝集反应有时很难划分。沉淀反应在细菌方面用得比较少，因为细菌的血清学检测可以充分利用比较简便的凝集反应。如果以菌体的提取物，或者从其中分离到的毒素作为抗原，与它的相应血清作用，也可以发生沉淀反应。例如，马铃薯环腐病的一种检验方法就是利用沉淀反应，环腐病菌产生的毒素做成抗血清，感染环腐病的马铃薯植株中也含有这种毒素，植株汁液与抗血清产生沉淀反应，就可以确定植株感染环腐病。

酶联免疫吸附反应。酶联免疫吸附测定（enzyme linked immunosorbent assay，ELISA）是把抗原、抗体的免疫反应与酶的高度催化反应相结合，所产生的一种高效、灵敏的血清学检测技术。其原理是通过化学的方法将酶与抗体结合起来，形成酶标抗体。这些酶标抗体仍能保持其免疫活性，它与相应的抗原反应，形成酶标记的免疫复合物。而免疫复合物上的酶在遇到相应的底物时，可催化底物发生反应。当采用无色的底物，且反应产物有色，就可灵敏地呈现出抗原抗体反应的发生。一般将抗原或抗体包被在固相支持物（如酶标板）上，使反应在固体表面进行，以方便操作。

一、目的要求

了解并掌握抗血清的制备以及植物病原物基本的血清学测定原理和方法。

二、材料与用具

细菌菌种、家兔（2～3 kg，最好是雄兔）、注射器（5 mL）、针头（5 号、21 号）、载玻片、试管、剪刀、纱布、培养基、待检测样品、抗血清、标准血清、电子天平、称量纸、研钵、镊子、剪刀、酒精灯、移液器、1.5 mL 离心管、离心管架、台式离心机、水浴锅、PBST 缓冲液、PVP、酶标抗体、底物、酶标板、酶标仪。

三、实验内容和方法

（一）抗血清的制备

1. 抗原制备

琼脂斜面培养 24～48 h（或根据情况，时间可以稍长一些）的细菌，加入生理盐水（8.5 g/L）中配成悬浮液，浓度为 5×10^8～5×10^9 CFU/L，悬浮液可以在 60 ℃中处理 1 h，将细菌杀死后用于注射。植物病原细菌一般不经处理而用活的细菌注射。如果要除去鞭毛抗原，比较简单的方法是将悬浮液在 100 ℃的沸水中处理 1 h 后注射。

2. 免疫注射家兔

免疫前从家兔身上采集少量血液，作为对照血清（采集方法与静脉注射相似，将兔子固定，用注射器针头在耳缘静脉末梢附近插入慢慢抽出血液约 3 mL，分离血清）。

用抗原免疫的注射程序为：

时间	剂量	途径
第 1 d	0.5 mL	皮下注射
第 5～7 d	1.0 mL	耳静脉注射
第 9 d	1.5 mL	耳静脉注射
第 13 d	2.0 mL	耳静脉注射
第 17 d	2.5 mL	耳静脉注射

注射最后一次一周后采试血约 3 mL，采血方法同采对照血清。当血清效价达到 1∶（1280～2560）（即稀释 1280～2560 倍的血清仍能使细菌发生凝集反应）以上，则可采全血，否则需加强注射 1～2 次。采全血可以通过心脏采血或颈动脉放血。

3. 抗血清的分离、保存

血液收集在大口的试管或三角瓶中，在室温或 37 ℃温箱中静置 0.5～1 h 后，用无菌细玻棒沿瓶壁将血块与瓶壁分离，转入冰箱中过夜，让血清充分析出，用无菌吸管和毛细滴管分出血清。若血清中带有红细胞，则需装入无菌离心管中离心（3000 r/min，20 min）。将血清吸入三角瓶或试管中，去掉红细胞。由于血清很难保持无菌，应该储藏在冰箱中，温度越低越好，为了安全，最好在血清中加入防腐剂，如在 10 mL 血清中加入 1∶250 的硝酸苯汞溶液 0.25 mL。然后将抗血清放在安瓿中封口，可使其在冰箱中储藏几年而不降低效价。

（二）血清学反应

1. 凝集反应

凝集反应的测定方法是将一定浓度的细菌悬浮液与不同稀释度的抗血清作用，测定可以发生凝集反应的最大稀释度。抗血清的效价也是用这种方法测定。

（1）载玻片凝集反应　这是一种快速的测定方法，但不能定量和测定效价。在清洁的载玻片上加 2 滴生理盐水，用移植环挑取少许培养的细菌与生理盐水混合，再用移植环挑取少量抗血清与其中 1 滴细菌悬浮液混合，另用 1 滴不加抗血清作为对照。经过 3～5 min，可以看到原来均匀悬浮的细菌凝集成团，对照则不发生这种变化。

（2）试管凝集反应

1）抗体稀释：取 12 支干净小试管［100 mm×（11～13）mm］放在试管架上，于第 1 管加入 0.9 mL 生理盐水，其他各管分别加入 0.5 mL 生理盐水。用 0.1 mL 吸管取 0.1 mL 抗血清放入第 1 管，再取 1 支 1 mL 吸管吸吹 3 次使其混合，然后用 2 倍稀释法将抗血清稀释到第 11 管（注意到每一稀释度需换 1 支无菌吸管），并从第 11 管吸出 0.5 mL 弃去。在第 12 支试管中加入 0.5 mL 生理盐水作为对照管。

2）加抗原：分别给 12 支试管加入 0.5 mL 抗原稀释液。轻轻摇动使其混匀后，置于

37 ℃水浴锅中孵育（图 17.1）。

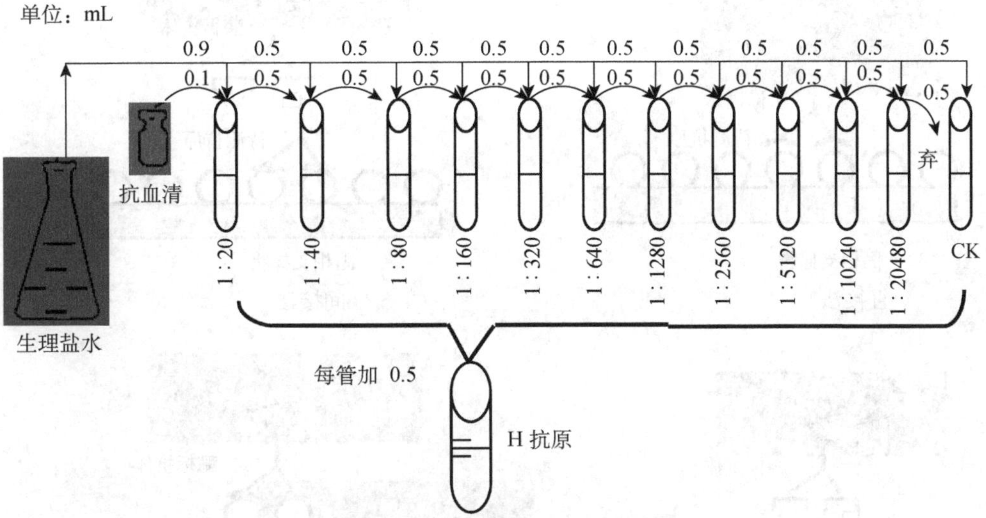

图 17.1　试管凝集反应程序图

3）结果观察：经 2～4 h 后观察结果，结果判断如下：

++++　　100%凝集（完全凝集，上层变清）

+++　　约 75%凝集（绝大部分凝集，上层略浑）

++　　约 50%凝集（部分凝集，上层较浑）

+　　约 25%凝集（很少部分凝集，上层浑浊）

–　　无凝集（液体浑浊）

对照（第 12 管）为“–”反应时，以其前面某管中出现“++”反应的最大稀释度为抗血清的效价。

2. *病毒的酶联免疫吸附反应*

酶联免疫吸附反应通常有直接法、间接法、双位点法和竞争法（图 17.2）。

直接法的基本原理是利用待测抗原吸附在固相支持物表面，直接加入酶标抗体，利用酶催化底物液体显色的强弱反应抗原的浓度。

间接法的基本原理是将定量的可溶性抗原吸附在固相支持物表面，使待测抗体与之反应，再加入酶标抗体，显色的程度与待测抗体浓度呈正比。

双位点法的基本原理是待测抗原夹在针对抗原不同决定族的两种抗体之间，并加入酶标抗体，利用显色的程度反映待测抗原的量。

竞争法通常是将已知定量的抗原吸附在固相支持物表面，同时加入可溶性抗原和定量的特异性抗体，可溶性抗原与吸附在固相上的抗原竞争结合抗体，因此，加入酶的显色程度与待测抗原浓度呈反比。

ELSIA 主要用于体液中可溶性抗原或抗体的测定。双位点法适用于测定大分子抗原；间接法适用于对各种抗体的检测；竞争法则适用于测定小分子抗原或半抗原及抗体。

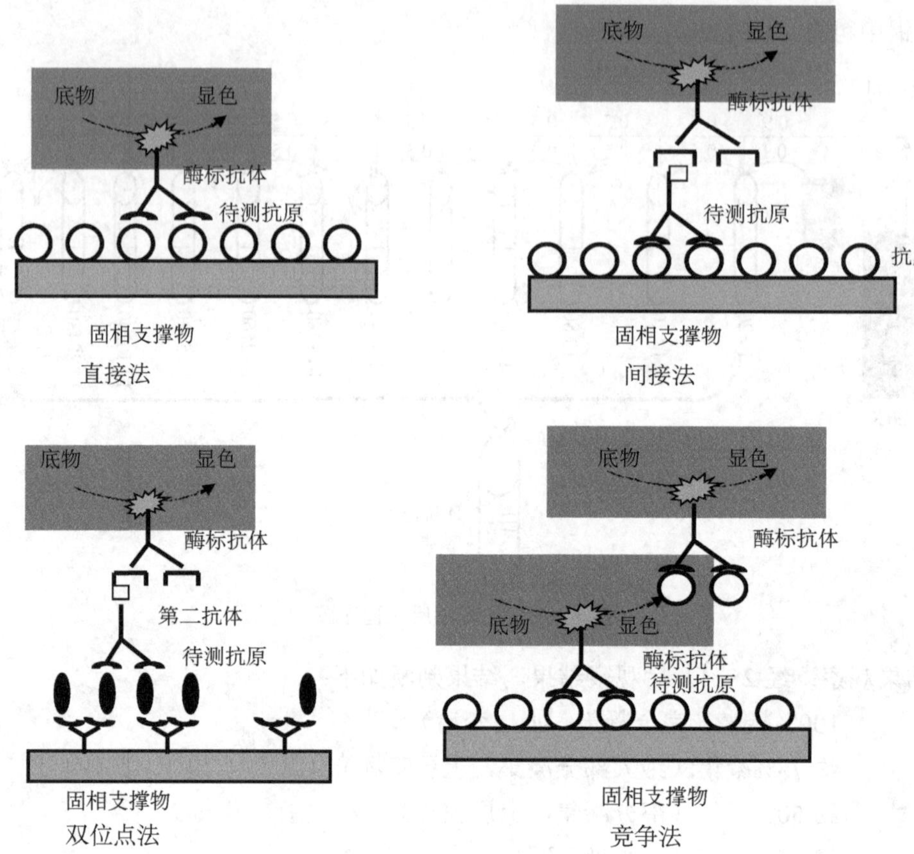

图 17.2　ELISA 检测示意图

测定步骤如下。

（1）试样制作　　待测样品按 1∶20 比例加入 ELISA 缓冲液充分研磨后，台式离心机 10 000 g 离心 1 min，上清液置于 4 ℃冰箱备用。

（2）包被抗体　　按待测样品的数量，将病毒抗血清（1∶300 稀释于 PBST-PVP 中）加入酶标板的小孔中，每样品 2 孔，每孔 100 μL，同时设置阴性对照和空白对照。将酶标板放于塑料袋中密封置于 37 ℃水浴孵育 2 h。

（3）洗板　　取出水浴后的酶标板，倒去抗血清，加入 PBST（137 mmol/L NaCl，8.1 mmol/L Na_2HPO_4，1.47 mmol/L KH_2PO_4，2.7 mmol/L KCl，pH 7.4，0.05% Tween−20）洗板，共洗 3 次，4 min/次。

（4）结合抗原　　在洗涤后的酶标板的小孔中加入各样品上清液，每孔 100 μL，每样品 2 孔，将酶标板用塑料袋密封好后，放于 37 ℃水浴 2 h，洗板［方法同（3）］。

（5）结合酶标抗体　　在洗涤好的酶标板的小孔中加入标记有碱性磷酸酶的病毒抗体（1∶300 稀释于 PBST-PVP 溶液中）100 μL。将酶标板用塑料袋密封好后，放于 37 ℃水浴 2 h，洗板。

（6）显色　　在洗涤好的酶标板的小孔中加入底物液，每孔 100 μL。将酶标板用塑料袋密封好后，放于 37 ℃水浴 0.5～1 h，取出肉眼观察显色情况（对于阳性反应会产生明显的黄色，阴性反应无明显的颜色变化）或用酶标仪测定 405 nm 处光密度（OD 值），并以样品 OD 值/阴性对照 OD 值≥2 为阳性，反之为阴性。

四、作业与思考题

1. 影响制备特异性强、效价高的抗血清的因素有哪些？
2. 如何长久地保存抗血清？
3. 何谓直接凝集反应？
4. 如何利用直接凝集反应试管法对抗血清进行效价测定？如何对实验结果进行判断？
5. 如何利用植物病毒抗血清反应对植物病毒进行定性、定量及定位测定？

实验十八　种子带菌检验和种子处理

种子带菌检验是病害综合防治的一个环节。通过种子带菌检验实验可以达到以下目的：①检查种子的内部或表面的带菌情况，可决定该种子是否可作为播种材料；②经过种子带菌检验后，可决定该种子是否需要处理以及处理的方法；③通过种子带菌检验确定当年种子的带菌程度，作为预测预报当年病害发生情况的依据之一；④种子带菌检验是实施植物检疫的常用手段。种子带菌的检验方法依据检验的种子和病原种类而定，对种子携带的植物病毒等则需要一些特殊的检验和测定方法。

种子处理是植物病害防治的一项常用措施。种子处理是利用物理方法（如辐射、热力）和化学方法（化学药剂）处理种子以钝化或杀灭种子表面和内部的病原物。种子的化学处理，习惯上称为种子消毒。种子消毒要根据防治对象的特点选择不同的药剂和不同的处理方式，种子消毒处理的时间应严格根据药剂的性质和种子的生物学特性确定，根据药剂剂型选用具体方法（浸种、拌种和闷种）；种子热力处理时，处理的温度、时间和方式应严格根据种子的生物学特性而定；应注意种子消毒或种子物理处理不当，容易引起种子药害或伤害。本实验主要学习带菌率的检验和种子消毒的方法。

一、实验目的

通过本实验初步学习并掌握肉眼检验、洗涤检验、分离培养检验、萌发检验等种子检验方法以及浸种和拌种等种子处理方法。

二、材料与工具

（一）材料

准备 1～2 种携带有植物病原菌的种子，如带小麦散黑穗病菌的小麦种子，带稻粒黑粉病菌、稻瘟病菌、水稻白叶枯病菌、水稻细菌性条斑病菌等的水稻种子，带西瓜细菌性果斑病菌的西瓜种子，带番茄细菌性斑点病菌、番茄溃疡病菌的番茄种子等。

准备 1～2 种种子消毒剂，如 80%乙蒜素乳油、25%腈菌唑乳油、50%多菌灵可湿性粉剂等。

（二）工具

培养皿、50 mL 小烧杯、恒温培养箱、显微镜、玻棒、标签等。

三、实验内容和方法

（一）种子带菌率的检验

1. 取样方法

对大批种子带菌状况的了解，是通过抽取极少数样品的检验分析来实现的，因而样本应当具有代表性，能反映总体状况。

一般采用的取样方法是，先从整批种子的不同贮运场所抽取一定数量的原始样品，将其混合后采用对角线分样法，抽出一部分样品，再用同样方法混合、抽取，直到所需种子量为止，称取一定数量种子（小样本），供检验用。分成 4 份取对角的 2 份。

在每次取样检验之后，用具必须清理干净并清毒，避免一个样品中的病菌混到另一样品中。

2. 检验方法

肉眼检验。此方法适用于病原体较大的检验对象，如小麦线虫病虫瘿、黑穗病菌瘿、菌核、菟丝子种子等。也适用于种子（包括块根、块茎等繁殖材料）表面长有特殊病征的检验对象，如甘茹黑斑病块根。检验时，取小样品种子 500～1000 粒，放在白纸或实验桌上，用肉眼或手提放大镜检查，拣出虫瘿、菌瘿、菌核、病粒等，记录拣出的各种粒数和质量，计算病虫感染率和称算每千克种子所含病虫为害粒数的质量。

过筛检验。利用正常种子与虫瘿，菌瘿、菌核、菟丝子种子等形状大小的差别，通过一定规格筛子进行分离检验。检验时，用 2 种或 3 种孔径的套筛（表 18.1），按照孔径大小顺序重叠起来，最下层托上无孔底盘，然后将样品倒入第一层筛子，盖上盖子，四旋筛动，比种子大的病原体留在第一筛层，种子留在第二筛层，比种子小一些的病原体落入第三筛层，一些细小杂物落入底盘。筛选之后筛出的病原体用手提扩大镜检查或肉眼检查，称算出每千克种子的病原体含量。

表 18.1　主要作物种子过筛检验所用筛子规格

作物种类	筛孔规格（mm）			层数	筛孔类型
	第一层	第二层	第三层		
大麦、元麦、小麦、水稻、高粱	2.5	1.1	-	2	圆孔
玉米、大豆、花生仁、向日葵、蓖麻子	2.3	2.5	1.5	3	圆孔
小米、菜籽、黄麻、芝麻、亚麻	2.0	1.2	-	2	圆孔

洗涤检验。此种方法可以检查附着在种子表面而肉眼看不见的病原体。这是最常用方法。但本方法不能检验隐藏在种子内，而外观无异常的种子是否携带病原体。检验时，取

5 g 试样放在小三角烧瓶内，加入蒸馏水 10 mL，剧烈振荡 5 min，附着的病原体洗到水中。将悬浮液倒到离心管内，用 1000 r/min 的速度离心 5 min，病原体沉到试管底，倒去上部澄清液，留 1 mL 水在试管内，稍振荡成悬浮液，用干净定量吸管取液一滴，滴在血细胞计数板上，算出每毫升悬液病原体（孢子）含量，除以被洗涤种子总数，即得每粒种子上病原体负荷量。

$$\text{每粒种子携带的孢子数}=\frac{\text{每毫升悬浮液病原体（孢子）数}}{\text{洗涤的种子颗粒数}}$$

解剖检验。当检验隐藏在种子内、而种子外观无异常的病原体时，或为了了解病菌是否潜伏在种子内可用此方法。检验时，将带菌种子切片（常用石蜡切片），透明、染色，然后镜检，以了解病菌种类和部位。此法操作费时，不常用。

分离培养检验。此方法主要用于内部潜伏病菌检验，也可用于外部病菌种类和数量检验。检验时，将待检种子用 0.1%升汞水进行表面消毒 3～5 min，或用漂白粉消毒液（漂白粉 10 g，蒸馏水 140 mL，临时配制）浸泡 15～30 min，以消除表面的杂菌，后用无菌水洗 3～4 次，将表面消毒过的种子置于 PDA 培养基上，在适宜的温度下（25～28 ℃）培养 24 h、48 h、72 h 观察培养基上的种子表面和周围有何菌落。如是真菌菌落，用显微镜检查是何病原；若是细菌菌落，进一步纯化通过革兰染色和鞭毛染色等鉴定病原物。对种传的细菌性病害检验也可另取一份种子，按上述方法进行表面消毒后，放入适量的无菌水充分磨碎，静置片刻后用接种环蘸取少量悬浮液于肉汁胨平板培养基上划线培养（25～28 ℃），注意观察是否有细菌菌落产生，有菌落形成可进一步进行染色等鉴定该病原菌。若检验表面带菌的，则略去表面消毒环节。

萌芽检验（吸水纸检查法）。此方法适用于检查种子外带和内部的病菌，是常用方法之一。种子萌芽时病菌即可为害，使种子生霉或形成其他症状。因此注意观察种子萌芽后或幼苗出现的病菌类型。了解种子的带菌率和带菌量。检验时，取培养皿进行消毒，铺上 2 层吸水纸，将种子排列在吸水纸上，加盖放在 20～25 ℃发芽箱中，4～7 d 后取出观察记载带病种类和病粒数，计算带病率。此法常用在稻瘟病、稻胡麻斑病、稻恶苗病等带菌率测定。取小样品种 200 粒，浸水 1 d，取出排列在有双层吸水纸的培养皿中（每皿 20 粒），在 28 ℃下保温 2～3 d，然后在显微镜下检查。

试植检验。有些种子或播种材料，在当时不易发现症状，只有通过试植，在生长阶段进行病害检验，如由种苗传播的病毒病。此法应在隔离区试植。

特殊检验——种子胚部检验。表面无变化，用分离培养方法等也难检验的带菌种子用此法。检验方法：以大小麦散黑穗病为例。将种子在 10%氢氧化钾溶液中煮沸 1 min，清水洗 2 次，在加有棉兰的乳酚液中煮 4 min，用 1∶2 甘油水溶液封盖，压平后在镜下观察，潜伏在胚内的休眠菌丝体染成深蓝色。

（二）种子消毒

1. 药剂处理

浸种。将80%乙蒜素（又名抗菌素402）乳油配制成6000倍液或25%腈菌唑乳油配制成5000倍液。取检验后带菌的种子，每份约50粒置于50 mL小烧杯中，倾入药液，使之没过种子约2 cm，加盖，贴上写有种子名称、药剂名称、处理时间和操作者的标签，在室温下放置48 h；用自来水代替药液浸种作对照。

拌种。取检验后带菌的种子，每份约50粒置于小塑料袋中，取50%多菌灵可湿性粉剂约种子质量的0.5%投入小塑料袋中，扎紧袋口，使袋内留有种子和药剂量的2倍空间，上下翻动小塑料袋10余次，贴上写有种子名称、药剂名称、处理时间和操作者的标签；在室温下放置48 h后，取出种子。

2. 效果检查

表面带菌种子消毒结果检查。浸种处理时间到后，充分搅拌药液中的种子，待种子沉降后，取一滴药液滴在载玻片上，置于皿底、皿盖带有用无菌水湿透的保湿纸的培养皿中，在25 ℃培养箱中保湿培养，24 h后取出玻片，在显微镜下观察病菌孢子的萌发率。拌种处理时间到后，取出种子置于50 mL小烧杯中，加入无菌水没过种子约2 cm，搅拌无菌水中的种子后，同浸种后的处理方法做病菌孢子萌发实验，观察病菌孢子的萌发率。

侵入种子表皮或内部的带菌种子消毒结果检查。浸种或拌种处理时间到后，取出种子，用无菌水漂洗1次，将种子排列在载玻片上，置于皿底、皿盖带有用无菌水湿透的保湿纸的培养皿中，在25 ℃培养箱中保湿培养，24 h后取出玻片，在显微镜下观察每粒种子中病菌的存活率。

3. 种子消毒效果统计

$$\text{种子消毒效果（\%）}=\frac{\text{对照孢子萌发率}-\text{处理孢子萌发率}}{\text{对照孢子萌发率}}\times 100$$

将病菌孢子萌发率换成病菌的存活率同样可计算种子消毒的效果。

建议：

1）上述消毒实验可由5人1组共同完成，其中1位学生做对照处理，4位学生做药剂处理，为4次重复。结果计算时，将4次重复的结果进行平均再计算消毒效果。

2）浸种处理或拌种处理可仅选择一种方法进行。

3）如果不同组的学生进行不同的药剂处理，可得到不同种子药剂的消毒效果，比较供试药剂的消毒效果，等同于种子消毒剂筛选实验，实验效果更理想。

四、作业与思考题

1. 将种子检验的结果记入表18.2。

表 18.2　种子检验结果

检验方法	病原种类	种子带菌率（数）

2. 比较各类检验方法的使用范围和优缺点。
3. 对种传病害在防治上应注意哪些问题？
4. 写出种子消毒的实验报告。
5. 选择种子消毒剂应注意哪些？种子带菌部位与消毒剂的选择有何关系？

实验十九　植物病原菌的致病性测定

寄生性和致病性是植物病原菌的两个基本属性，但是不同的菌株或不同的生理小种（菌系），其毒性（致病力）的强弱有所不同，有专化性的分化。从寄主方面来看，植物对病原菌的侵染都具有不同程度的抵抗性，同种植物不同品种之间对同一个菌株的抗病能力也可能有很大差异。

病原物的致病性分化是指同种病原物内的不同群体对不同分类单元的寄主植物的致病性不同。常见的病原物致病性分化有专化型、生理小种（菌系或株系）。专化型（forma specialis，简写为 f. sp.）一般指同种病原物内的不同群体在形态上无明显差别，对不同科、属的寄主植物致病性不同。生理小种（race）一般指同种（或同一变种、专化型）内病原物的不同群体在形态无差别，在生理特性、培养性状、生化特性、致病性等方面存在差异。不同的生理小种对同种作物的不同种或品种的致病性有差异。细菌的生理小种也被称为菌系（strain），病毒的生理小种习惯上称为毒系或株系（strain）。

最常见病原物致病性分化的鉴定是生理小种（或菌系、株系）鉴定。其区分依据一般是根据对不同寄主（或品种）的致病性差异，即用一套具有不同抗性基因的鉴别寄主测定病原菌致病力的差异。用来鉴别不同小种的寄主（或品种）称为鉴别寄主或鉴别品种（differential varieties）。目前致病性分化显著的许多主要作物病害的病原物，如稻瘟病、小麦秆锈病、玉米大斑病和小斑病、马铃薯晚疫病、水稻白叶枯病、茄科蔬菜青枯病、马铃薯病毒病等的病原物，都有一套固定的国际或国内统一的鉴别品种和生理小种命名方法。

一、目的要求

自选一种有致病性分化的传染性病害进行实验。通过实验，使学生了解病原菌的毒性（或毒力）分化现象、寄主植物的抗病性也有强弱和专化性之分，熟悉和掌握病原物致病性分化的鉴定原理和方法，逐步理解致病性、毒性、侵袭力、菌株、菌系、生理小种、过敏性反应和鉴别寄主等专业术语的基本概念，并学会常见植物病理学研究方案的设计。

二、实验设计

在植物病理学研究和抗病育种工作中，为了了解病原物致病性的分化或鉴定寄主品种的抗病性，常人为地将病原物接种到寄主上，观察植物发病情况和病害严重程度。这种接种鉴定的方法是进行抗病性鉴定和致病性测定的基本方法。

要求学生根据所学“病原物致病性分化”的概念和知识，在查阅相关病原物致病性分化研究资料的基础上，根据所在地的实验条件，选择一种致病性分化显著的植物病原物，设计出该种病原物生理小种鉴定的实验方案。实验方案的设计内容应包括生理小种鉴定的全过程，即采集样本的地点、数目，病原物分离、培养、繁殖的方法和相关培养基，鉴别品种的种植和管理方法，接种物的浓度、接种方法，调查方法和分级标准、记载表格，所需要的材料、时间安排等。最后在教师的指导下，确定实验方案。

三、实施

按所设计的实验方案进行植物病害病原物的致病性分化测定。由于实验工作量大，实施时学生可以3～6人组成小组，以小组为单位来做实验。

四、作业与思考题

1. 以小组为单位提交某一种病原物致病性分化测定的实验设计一份

2. 以小组为单位完成上述实验设计某一种病原物致病性分化测定的实验报告一份。

3. 研究植物病害病原物的致病性分化有何意义？

4. 病菌接种时和接种后的环境条件有什么异同点，应注意哪些？接种后的植株要怎样管理？

5. 如果只有一个喷雾器，应先接病菌还是先接空白对照（水）？为什么？

6. 病原生物种以下的分类单位有无实用价值？为什么？

附件1：病原菌生理小种的鉴定方法

1. 小麦秆锈病菌的致病性分化测定

取小花盆装入土壤后，每个花盆分别种入相互隔离开的品种，并编号登记。每个品种至少要有6～8株幼苗，共播9个鉴别寄主或5组单基因系鉴别寄主，当苗高5～10 cm时，即可用涂抹法接种。先用手指蘸水抹去叶片上的蜡粉，再蘸夏孢子液涂抹，18～22 ℃黑暗保湿18～24 h。取出幼苗，置于18～25 ℃、湿度为60%～70%的温室中培养。当幼苗发病反应型定型后，按表19.1记载标准进行观察记载，参考表19.2和表19.3的方法确定菌株的生理小种。

9个精选鉴别寄主：‘Little club’（‘LC’），‘Reliance’（‘Rel’），‘Einkorn’（‘Ein’），‘Vernal’（‘Ver’）（以上4个是国际鉴别寄主）；‘免字52’（‘Mia’），‘华东6号’（‘Hua’），‘明尼2761’（‘Min’），‘Rulofen’（‘Rul’），‘Orofen’（‘Oro’）（以上5个是中国辅助鉴别

寄主)。5 组单基因系鉴别寄主：第 1 组（*Sr5*、*Sr21*、*Sr9e*、*Sr7b*），第 2 组（*Sr11*、*Sr6*、*Sr8a*、*Sr9g*），第 3 组（*Sr36*、*Sr9b*、*Sr30*、*Sr17*），第 4 组（*Sr9a*、*Sr9d*、*Sr10*、*SrTmp*），第 5 组（*Sr24*、*Sr31*、*Sr38*、*SrMcN*）。

表 19.1　苗期小麦秆锈病的分级标准（曹远银等，2010）

小麦反应级别		侵染型	分级标准
分级	程度		
抗病	完全免疫	0	既无夏孢子堆，也不发生任何过敏性枯斑
	近于免疫	;	不产生夏孢子堆，但发生黄白色的过敏性枯斑
	高度抗病	1	有微小的夏孢子堆发生，但其周围有明显的枯死斑
	抗病	2	有小到中等大小的夏孢子堆，但孢子堆常居绿岛中，绿岛周围有明显的失绿圈或枯死圈
感病	中感	3	夏孢子堆大小中等，罕互相联合，周围无枯斑，但寄主在生长不适宜时孢子堆周围会有失绿圈
	高度感病	4	夏孢子堆甚大，常互相联合，周围无枯斑，但寄主在生长不适宜时孢子堆周围会有失绿圈
中间型	混合型	X	夏孢子堆大小不一，在同一叶片上或同一植株上会有各种抗病和感病类型的反应性，无法机械地分开，如再分别接种鉴定时，仍然有大小两种孢子堆混生

表 19.2 小麦抗秆锈病单基因系与每个字母（密码）代表的侵染型组合

（曹远银等，2010；Woldeab et al.，2017）

	组号	鉴别寄主单基因系名（*Sr* 基因）			
Pgt 密码	第 1 组	*Sr5*	*Sr21*	*Sr9e*	*Sr7b*
	第 2 组	*Sr11*	*Sr6*	*Sr8a*	*Sr9g*
	第 3 组	*Sr36*	*Sr9b*	*Sr30*	*Sr17*
	第 4 组	*Sr9a*	*Sr9d*	*Sr10*	*SrTmp*
	第 5 组	*Sr24*	*Sr31*	*Sr38*	*SrMcN*
B		L	L	L	L
C		L	L	L	H
D		L	L	H	L
F		L	L	H	H
G		L	H	L	L
H		L	H	L	H
J		L	H	H	L
K		L	H	H	H
L		H	L	L	L
M		H	L	L	H
N		H	L	H	L
P		H	L	H	H
Q		H	H	L	L
R		H	H	L	H
S		H	H	H	L
T		H	H	H	H

注：L 表示低侵染型（抗病）；H 表示高侵染型（感病）。

表 19.3　中国小麦秆锈病菌不同小种在 9 个精选鉴别寄主和 12 个单基因系鉴别寄主上的侵染型

（曹远银等，2010）

小种	精选鉴别寄主									单基因系											
	'LC'	'Rel'	'Ein'	'Ver'	'Mia'	'Hua'	'Min'	'Oro'	'Rul'	5	21	9e	7b	11	6	8a	9g	36	9b	30	17
21C3CKH	H	L	L	L	H	H	L	L	L	L	L	L	H	L	H	H	H	L	H	L	H
21C3CKR	H	L	L	L	H	H	L	L	L	L	L	L	H	L	H	H	H	H	H	L	H
21C3CFH	H	L	L	L	H	H	L	L	L	L	L	L	H	L	L	H	H	L	H	L	H
21C3CFR	H	L	L	L	H	H	L	L	L	L	L	L	H	L	L	H	H	H	L	L	H
21C3CTH	H	L	L	L	H	H	L	L	L	L	L	L	H	H	H	H	H	L	H	L	H
21C3CTR	H	L	L	L	H	H	L	L	L	L	L	L	H	H	H	H	H	H	H	L	H
21C3CPH	H	L	L	L	H	H	L	L	L	L	L	L	H	H	L	H	H	L	H	L	H
21C3CPR	H	L	L	L	H	H	L	L	L	L	L	L	H	H	L	H	H	H	L	L	H
34MKH	H	H	L	L	L	H	L	L	L	H	L	L	H	L	H	H	H	L	H	L	H
34MKR	H	H	L	L	L	H	L	L	L	H	L	L	H	L	H	H	H	H	H	L	H
34MKG	H	H	L	L	L	H	L	L	L	H	L	L	H	L	H	H	H	L	H	L	H
34MKH	H	H	L	L	L	H	L	L	L	H	L	L	H	L	L	H	H	L	H	L	H
34C1MKH	H	H	L	L	L	H	L	L	L	H	L	L	H	L	H	H	H	L	H	L	H
34C1MKR	H	H	L	L	L	H	L	L	L	H	L	L	H	L	H	H	H	H	H	L	H
34C1MFH	H	H	L	L	L	H	L	L	L	H	L	L	H	L	L	H	H	L	H	L	H
34C2MKH	H	H	L	L	L	H	L	L	L	H	L	L	H	L	H	H	H	L	H	L	H
34C2MKR	H	H	L	L	L	H	L	L	L	H	L	L	H	L	H	H	H	H	H	L	H
34C2MFH	H	H	L	L	L	H	L	L	L	H	L	L	H	L	L	H	H	L	H	L	H
34C2MFR	H	H	L	L	L	H	L	L	L	H	L	L	H	L	L	H	H	L	H	L	H
34C2MKK	H	H	L	L	L	H	L	L	L	H	L	L	H	L	L	H	H	L	H	H	H

注：L 表示低侵染型（抗病）；H 表示高侵染型（感病）。

2. 稻瘟病菌的致病性分化测定

取小花盆装入土壤后，每个花盆分别种入相互隔离开的品种，并编号登记。每个品种至少要有 10 株幼苗，共播种'Tetep''珍龙 13''四丰 43'（以上 3 个是籼稻品种），'合江 18 ''东农 363''关东 51''丽江新团黑谷'（以上 4 个是粳稻品种）7 个鉴别寄主（全国稻瘟病菌生理小种联合试验组，1980）。当苗长到三叶一心时，即可用喷雾法接种。采用高压方法将稻瘟病菌分生孢子悬浮液均匀喷在水稻苗上，然后，将水稻苗放置于 22～23 ℃的保湿桶中，黑暗保湿近 24 h。将水稻苗转移到 24～26 ℃的温室中培养，辅以定期喷雾保温，以利于发病。接种 7 d 后调查发病情况，按表 19.4 记载标准进行观察记载。

表 19.4　稻瘟病分级标准（Hayashi et al.，2009）

水稻反应级别	记载符号	分级标准
抗病	0	无任何病斑
	1	直径不超过 0.5 mm 的褐点病斑
感病	2	直径为 0.5～1 mm 的褐色病斑，不产孢
	3	直径为 1～3 mm 的近圆形病斑，中央灰白色，周围褐色，能产孢
	4	典型的纺锤形病斑，3 mm 或更长，中央坏死性灰白色，周围红褐色或水渍状，病斑稍有融合或无融合
	5	同 4，但由于病斑融合，叶片上半部会枯死

根据表 19.5 供试菌株对 7 个鉴别品种的反应，先分群。感染第一个品种‘Tetep’（分群不考虑后面品种的抗感）为 A 群，不感染‘Tetep’、感染‘珍龙 13’为 B 群，依次类推分 C、D、E、F、H 群。同一群内的小种，根据在分群品种以下的各个品种的反应来区别，用阿拉伯数字表示。为此先给各鉴别品种以固定的数码：A 品种为 64，B 品种为 32，C 品种为 16，D 品种为 8，E 品种为 4，F 品种为 2，G 和 H 品种为 1（表 19.5）。小种编号时，取分群品种以下各个品种中显示抗病反应的品种数码相加，再加 1。例如，在 A～G 鉴别品种上的反应为 RSRSSRS 的菌株，在 A 品种上的反应为抗病，B 品种上为感病，属于 B 群小种；在 B 品种之后的各个鉴别品种上，C、F 品种呈抗病反应，则小种号为 C 和 F 两个品种的固定数码之和加 1，得 2+16+1=19，由此得出这个菌株属于 B 群 19 号小种。用中国鉴别品种鉴定的稻瘟病菌生理小种，命名为“中华人民共和国小种”，简称“中国小种”。小种命名时，用“中”字拼音首字母 Z 写在首位表示，在 Z 字以后写小种群号，如 ZA1、ZB3、ZC15 等。在不引起误会的情况下，也可略去 Z 而写为 A1、B3、C15 等（全国稻瘟病菌生理小种联合试验组，1980）。

表 19.5　稻瘟病菌在 7 个中国水稻鉴别品种上的生理小种反应型

小种群	群内小种数	‘Tetep’	‘珍龙 13’	‘四丰 43’	‘东农 363’	‘关东 51’	‘合江 18 ’	‘丽江新团黑谷’
ZA	64	S						
ZB	32	R	S					
ZC	16	R	R	S				
ZD	8	R	R	R	S			
ZE	4	R	R	R	R	S		
ZF	2	R	R	R	R	R	S	
ZG	1	R	R	R	R	R	R	S
ZH	1	R	R	R	R	R	R	R

注：S 表示感病；R 表示抗病。

3. 水稻白叶枯病菌的致病性分化测定

5 个水稻鉴别寄主：‘IR26’‘Java14’‘南梗 15’‘Tetep’和‘金刚 30’。将培养至 5 叶期的水稻幼苗移栽至 15 cm × 15 cm 的花盆中，每个品种 5 盆苗，做好标记。待稻苗生长至孕穗期进行剪叶接种。用灭菌水配成接种用的水稻白叶枯病菌菌悬液后，剪叶接种水稻顶部平展叶的叶尖，剪去叶尖的长度大致是叶片长度的 1/10。接种 21 d 后按表 19.6 的标准记载病情，按表 19.7 确定致病型。接种菌液浓度为 3×10^8 CFU/mL。CFU 即菌落形成单位，也可用比浊计确定细菌浓度。

表 19.6　水稻白叶枯病的分级标准和水稻抗性类型划分（方中达等，1998）

级别	抗性类型	分级标准
0	高抗（免疫）	剪口处无明显病斑
1	抗	剪口下病斑纵向扩展的长度为 2～3 cm，或仅有褐斑反应，或病斑面积小于 10%
2	中抗	病斑向下扩展 3 cm 以上，长度小于接种叶长的 1/4，或病斑面积占剩余叶面积的 20%

续表

级别	抗性类型	分级标准
3	中感	病斑长度达到叶长的 1/4，但小于 1/2，或病斑面积占剩余叶面积的 20%～49%
4	感病	病斑长度达到叶长的 1/2，但小于 3/4，或病斑面积占剩余叶面积的 50%～74%
5	高感	病斑长度达到叶长的 3/4，或病斑面积占剩余叶面积的 75%以上

表 19.7 中国水稻白叶枯病中国水稻白叶枯病菌的 7 个致病型在 5 个鉴别品种上的反应

（方中达等，1998）

致病型	‘金刚 30’	‘Tetep’	‘南粳 15’	‘Java14’	‘IR26’
0	R	R	R	R	R
Ⅰ	S	R	R	R	R
Ⅱ	S	S	R	R	R
Ⅲ	S	S	S	R	R
Ⅳ	S	S	S	S	R
Ⅴ	S	R	S	S	S
Ⅵ	S	R	S	S	S
Ⅶ	S	S	S	S	S

注：S 表示感病；R 表示抗病。

请扫码阅读“附件 2：几种作物病害病原物小种鉴定的鉴别品种和生理小种命名方案”。

附件 2

附 录

附录Ⅰ 植物病理学常用培养基

1. 植物病原真菌常用培养基

（1）马铃薯葡萄糖琼脂培养基 这是植物病理学最常用的培养基，简称PDA培养基。主要用于真菌的分离和培养，有时也用于细菌的培养。

培养基配方：去皮马铃薯200 g，葡萄糖20 g，琼脂15～20 g，蒸馏水1000 mL。

也可用蔗糖代替葡萄糖，这样配制的培养基也称为PSA培养基。不加琼脂即配成PDA或PSA培养液。

配制方法：将马铃薯洗净去皮，挖除芽眼（含生长素，会抑制微生物生长）后称量，切成小块，放入锅中，加水1000 mL，煮沸30 min；稍冷后用四层纱布滤去马铃薯残渣；将滤液放回锅中，加入称好的琼脂，加热熔化；然后加入葡萄糖或蔗糖，充分溶解后，用水定容至1000 mL。分装试管或三角烧瓶后，121 ℃灭菌20 min。

（2）燕麦片琼脂培养基 本培养基可以促使某些真菌形成孢子和子实体，也适用于腐霉、疫霉等真菌菌株的保存。加大琼脂的用量，可以使培养基不容易干燥，能用于较长时间的培养，对促进孢子的产生是有利的。

培养基配方：燕麦片30 g，琼脂20～30 g，蒸馏水1000 mL。

配制方法：称取燕麦片，加水1000 mL，煮沸1 h；纱布过滤，将滤液放回锅中，加入称好的琼脂，加热熔化，用水定容至1000 mL。分装试管或三角烧瓶后，121 ℃灭菌20 min。

（3）玉米粉琼脂培养基 本培养基常用于真菌菌种的保存。有些真菌能在这种培养基上产生孢子和子实体，有些卵菌能在上面产生有性世代。

培养基配方：玉米粉30 g，琼脂15～20 g，蒸馏水1000 mL。

配制方法：称取玉米粉，加水1000 mL，煮沸1 h；纱布过滤，将滤液放回锅中，加入称好的琼脂，加热熔化；然后加水定容至1000 mL。分装试管或三角瓶后，121 ℃灭菌20 min。

（4）察氏（Czapek）培养基 这是一种组合培养基，常用于酵母菌或一些霉菌的分离和培养。

培养基配方：$NaNO_3$ 2 g，K_2HPO_4 1 g，KCl 0.5 g，$MgSO_4$ 0.5 g，$FeSO_4$ 0.01 g，蔗糖 30 g，琼脂 15～20 g，蒸馏水 1000 mL。

配制方法：按以上的次序，将各种成分溶于水中，调节 pH（如有必要时）。然后分装试管或三角瓶后，121 ℃灭菌 20 min。为了减少沉淀，可以将磷酸盐分别灭菌，等冷却后在无菌的条件下加入培养基中。

（5）麦芽膏琼脂培养基　本培养基常用于酵母菌和高等担子菌等的分离和培养。

培养基配方：麦芽膏 25 g，琼脂 15～20 g，蒸馏水 1000 mL；自然 pH。

配制方法：将称好的琼脂，加热熔化；另称取麦芽膏，溶于少量热水后加入混匀，然后加水定容至 1000 mL。分装试管或三角瓶后，121 ℃灭菌 20 min。

（6）植物组织和煎汁培养基　该类型培养基常用于某些难养菌的分离和培养，以及真菌菌种的保存。许多植物材料如叶片、茎秆、种子等，可以放在试管中，加少量的水分以保持其润湿，灭菌即能作培养基用。植物煎汁是很好的培养基，可以满足一般微生物的营养要求，各种植物的煎汁都可用作培养液，加琼脂后即能制成固体培养基。例如，马铃薯胡萝卜琼脂培养基（简称 PCA 培养基）。

培养基配方：马铃薯 20 g，胡萝卜 20 g，琼脂 15～20 g，蒸馏水 1000 mL；自然 pH。

配制方法：称取去皮马铃薯和胡萝卜，切成小块，加 1000 mL 水，煮沸 30 min，用纱布过滤。再加入琼脂，加热至融化，补足失水。分装试管或三角瓶后，121 ℃灭菌 20 min。

2. *植物病原细菌常用培养基*

（1）营养琼脂培养基　这是培养细菌最常用的培养基，又称肉汤培养基，简称 NA 培养基。主要用于细菌的分离和培养，也可用于细菌的纯化和保存。

培养基配方：蛋白胨 5～10 g，牛肉浸膏 3 g，葡萄糖 5～10 g，酵母粉 1 g，琼脂 15～20 g，蒸馏水 1000 mL；pH 7.0～7.2。不加琼脂即配成 NB 培养液。

配制方法：将称好的琼脂，加热熔化；另称取蛋白胨、牛肉浸膏、酵母粉和葡萄糖，溶于少量热水后加入混匀，然后加水定容至 1000 mL。用 NaOH 调节 pH。分装试管或三角瓶后，121 ℃灭菌 20 min。

（2）牛肉膏蛋白胨培养基　常用的细菌培养基，常用来代替 NA 培养基。主要用于细菌的培养，也可用于细菌的生理生化测定。

培养基配方：牛肉浸膏 5 g，蛋白胨 10 g，NaCl 5 g，蒸馏水 1000 mL；pH 7.2。加入 15～20 g 琼脂即配成固体培养基，或加入 3～5 g 琼脂即配成半固体培养基。

配制方法：将称好的琼脂，加热熔化；另称取牛肉浸膏、蛋白胨和 NaCl 酵母粉，溶于少量热水后加入混匀，然后加水定容至 1000 mL。用 NaOH 调节 pH。分装试管或三角瓶后，121 ℃灭菌 20 min。

（3）Luria-Bertani 培养基　本培养基营养比较充分，简称 LB 培养基。主要用于欧氏杆菌、假单胞杆菌、黄单胞杆菌等细菌的分离、培养和保存。

培养基配方：酵母粉 5 g，胰蛋白胨 10 g，NaCl 10 g，琼脂 16～18 g，蒸馏水 1000 mL；pH 7.2～7.4。不加琼脂即配成 LB 液体培养基。

配制方法：将称好的琼脂，加热熔化；另称取酵母粉、胰蛋白胨和 NaCl，溶于少量热水后加入混匀，然后加水定容至 1000 mL。用 NaOH 调节 pH。分装试管或三角瓶后，121 ℃灭菌 20 min。

（4）蛋白胨水培养基　主要用于细菌的糖或醇的发酵实验，也可用于细菌的硝酸盐还原实验。

培养基配方：蛋白胨 1 g，NaCl 0.5 g，蒸馏水 100 mL；pH 7.2～7.4。

配制方法：先称取蛋白胨和 NaCl，溶于少量热水，调节 pH 后加入溴甲酚紫（1.6%水溶液），待呈紫色，再加入糖、醇或 KNO_3 至终浓度为 0.1%～0.2%，使之溶解，然后加水定容至 100 mL。分装试管后，最后将杜氏小管倒置放入试管中（观察实验中是否有产气），121 ℃灭菌 20 min。

3. 植物病原线虫常用培养基

（1）卵磷脂琼脂培养基　一些兼性寄生的小杆属线虫和垫刃属线虫可以在此培养基上单独培养。

培养基配方：$MgSO_4 \cdot 7H_2O$ 0.75 g，K_2HPO_4 0.75 g，NaCl 2.75 g，KNO_3 3 g，卵磷脂 1 g，酵母粉 1 g，蛋白胨 2.5 g，琼脂 15～20 g，蒸馏水 1000 mL；pH 7.2。

配制方法：卵磷脂溶解在无水乙醇中。然后按以上的次序，将各种成分溶于水中，用 NaOH 调节 pH。然后分装试管或三角瓶后，121 ℃灭菌 20 min

（2）麦芽膏琼脂培养基　本培养基常用于小杆属线虫和一些植物寄生线虫的培养。

培养基配方：麦芽粉 20 g，琼脂 20～30 g，蒸馏水 1000 mL；pH 7.2。

配制方法：称取麦芽粉，加入 1000 mL 蒸馏水，用小火煮沸 1 h，用纱布过滤；加入称好的琼脂，加热熔化；然后加水定容至 1000 mL。分装试管或三角瓶后，121 ℃灭菌 20 min。接种线虫时，可在接种点旁放一些灭菌的马铃薯碎片。

（3）真菌上培养　真菌上培养是人工繁殖植物寄生线虫的主要方法，培养线虫应用最多的是灰葡萄孢。培养真菌常用玉米粉琼脂培养，配制方法见前。培养基倒成平板，在 24 ℃培养，平板上菌丝长满后接线虫，再在 24 ℃的条件下继续培养。

4. 土壤微生物常用培养基

（1）淀粉琼脂培养基（又称高氏一号培养基）　本培养基常用于培养放线菌和一些土壤微生物。

培养基配方：可溶性淀粉 20 g，K_2HPO_4 0.5，$MgSO_4 \cdot 7H_2O$ 0.5 g，KNO_3 1 g，NaCl 0.5 g，$FeSO_4$ 0.01 g，琼脂 20 g，蒸馏水 1000 mL；pH 7.2～7.4。

配制方法：在烧杯中加蒸馏水 950 mL，加热至沸腾，称取可溶性淀粉，用 50 mL 蒸馏水调成糊状，倒入沸水中和匀。再称取其他药品，陆续加入烧杯内（待一种药品溶解后，再加入第二种药品）。待全部药品溶解后，停止加热，然后加水定容至 1000 mL。用 NaOH

调节 pH。分装试管或三角瓶后，121 ℃灭菌 20 min。

（2）土壤浸渍液琼脂培养基　本培养基可用于培养许多土壤微生物。

培养基配方：土壤浸液 100 mL，琼脂 15～20 g，蒸馏水 1000 mL；pH 7.0。

配制方法：称取 1 kg 土壤，加 1000 mL 水，高压蒸汽（121 ℃）蒸 30 min，用双层滤纸过滤。再加入琼脂，加热至熔化，补足失水。分装试管或三角瓶后，121 ℃灭菌 20 min。

附录Ⅱ　植物病理学常用溶液和试剂

1. 常用的玻璃器皿洗涤液

洗涤液的种类很多，可以根据要求，选择经济而有效的洗涤液。实验室中使用最多的是肥皂（包括磷酸钠和合成洗涤剂）和铬酸洗涤液，如果使用得当，这两种洗涤液可以解决大部分玻璃器皿的洗涤问题。

（1）肥皂及其他洗涤剂　肥皂水是很好的去污剂，热肥皂水的去污能力更强。油脂太多的器皿，用吸水纸将油擦去后，再用肥皂水洗，肥皂水可加热煮沸。10%磷酸钠（Na_3PO_4）溶液去污去油脂的能力很强，比用肥皂洗更加洁净。许多合成洗涤剂的用途和用法，与肥皂和磷酸钠等相同。

（2）铬酸洗涤液　这是实验室最常用的洗涤剂。其主要成分：重铬酸钾 60.0 g，浓硫酸 60.0 mL，蒸馏水 300.0 mL。重铬酸钾溶解在温水中，冷却后再徐徐加入浓硫酸。配制得好的溶液呈红色，浓厚，并有均匀的红色小结晶。稀铬酸洗涤液的配法同上，其成分如下：重铬酸钾 60.0 g，浓硫酸 60.0 mL，蒸馏水 1000.0 mL。此外，也可用重铬酸钠代替重铬酸钾。铬酸洗涤液加热后，去污作用增强。一般可加热到 45～50 ℃，稀的铬酸洗涤液可以煮沸，洗涤液可以反复使用，直到溶液呈青褐色时为止。

（3）高锰酸钾溶液　5%高锰酸钾溶液是很好的洗涤液，特别是在加酸和加热的情况下，它的氧化和去污能力更强。使用的方法是将高锰酸钾溶液加在需要洗涤的器皿中，加入浓硫酸少许（100 mL 溶液加浓硫酸 3～5 mL），温度可能升高到 50～60 ℃。注意不能用盐酸代替硫酸，盐酸加在高锰酸钾溶液中会被分解而产生有毒的氯气。玻璃器皿经过高锰酸钾洗涤后，必须用清水洗净，有时玻璃会遗留一层褐色物质，可用草酸溶液洗去。

2. 常用的消毒剂

（1）植物组织表面消毒剂　选择适当的消毒剂，杀死或减少病组织表面的腐生菌，则分离到纯培养的机会较大。常用的表面消毒剂有 75%乙醇、3%过氧化氢（双氧水）、漂白粉溶液，以及 0.1%的升汞水溶液等，配方如下。

75%乙醇：95%乙醇 75 mL，蒸馏水 20 mL。

双氧水：30%过氧化氢原液 100.0 mL，蒸馏水 900.0 mL。

漂白粉溶液：漂白粉 10.0 g，蒸馏水 140.0 mL；使用前临时配制。

升汞溶液：升汞（$HgCl_2$）0.1 g，浓盐酸 0.2 mL，蒸馏水 100.0 mL；先将升汞溶于浓盐酸中，再加入水中。

（2）其他消毒剂　无菌培养室、无菌操作箱、工作台，以及操作工具等的消毒可根据需要选择不同的消毒剂。常用的有以下几种。

5%石炭酸液：石炭酸 5. 0 g，蒸馏水 100.0 mL。

5%甲醛：35%甲醛原液 100.0 mL，蒸馏水 600.0 mL。

2%煤酚皂液（来苏尔）：煤酚皂（含煤酚 47%～53%）40 mL，蒸馏水 960.0 mL。

0.25%新洁尔灭：5%新洁尔灭 50 mL，蒸馏水 950.0 mL。

消毒碘酒：碘 20.0 g，碘化钾 8.0 g，95%乙醇 500.0 mL，蒸馏水加至 1000.0 mL。

3. 常用的标本浸渍液

（1）防腐浸渍液　此种浸渍液只有防腐作用，不能保持原色。主要成分：甲醛 25.0 mL，95%乙醇 150.0 mL，蒸馏水 1000.0 mL。配方也可以简化，单用 5%甲醛或 70%乙醇溶液。

（2）防腐漂白浸渍液　植物病叶在这种浸渍液中保存和漂白后，一些寄主组织的内部病变将显现出来。主要成分：亚硫酸（饱和溶液）125.0 mL，95%乙醇 125.0 mL，蒸馏水 1000.0 mL。亚硫酸饱和溶液，即指二氧化硫的饱和水溶液，配法是将亚硫酸钠与硫酸起作用，产生的二氧化硫通过盛有清水的深玻管，溶于水中而形成亚硫酸，当发生的二氧化硫气泡不再溶解时即成为饱和溶液。

（3）保存绿色的浸渍液　保存植物组织绿色的方法很多，可根据不同的材料，选用适当的方法。常用的有如下几种：①醋酸铜浸渍液：将醋酸铜结晶逐渐加在 50%的醋酸溶液中，到不再溶解为止，原液用水稀释 3、4 倍使用；反复用多次后保色能力会逐渐减弱，需定期补加适量的醋酸铜。②硫酸铜亚硫酸浸渍液：标本在硫酸铜溶液中浸 6～24 h，取出用清水漂洗数小时，然后保存在亚硫酸溶液中；此种方法也是实验室较为常用的液浸标本的保存方法，用于保存绿色植物组织的效果很好，但应注意密封容器，必要时每年换 1 次亚硫酸浸渍液。③瓦查（Vacha）浸渍液：亚硫酸（饱和溶液）142.0 mL，硫酸铜 1.0 g，95%乙醇 142.0 mL，乙酰水杨酸 1.5 g，甲醛 3.0 mL，丁香油 1.0 mL，加水最后定容至 1000 mL；将标本在浸渍液中浸 3～5 d，达到所需要的绿色，然后保存于按照以上成分配成的浸渍液中，但不加硫酸铜；这种溶液适用于保存叶片和果实的绿色，也可保存梨和苹果等的黄色。

（4）保存黄色和橘红色标本的浸渍液　配制方法是将亚硫酸（含二氧化硫 5%～6%）配成 4%～10%的水溶液（含二氧化硫 0.2%～0.5%）。可保存含叶黄素和胡萝卜素的果实如杏、梨、柿、黄苹果、柑橘和红辣椒等的标本。

（5）保存红色的浸渍液　瓦查（Vacha）浸渍液保存红色比较好，它能固定红色。此种浸渍液分两部分，浸渍液Ⅰ的主要成分：硝酸亚钴 7.5 g，甲醛 12.5 mL，氯化锡 10.0 g，蒸馏水 1000.0 mL。浸渍液Ⅱ的主要成分：甲醛 10.0 mL，亚硫酸 30.0～50.0 mL，95%乙醇

10.0 mL，蒸馏水 1000.0 mL。将标本洗净后，在浸渍液Ⅰ中浸 2 周，然后在浸渍液Ⅱ中保存；可用于保存草莓、辣椒、马铃薯以及其他红色的植物组织，是一种效果比较好的浸渍液。

4. 常用的浮载剂及封固剂

（1）乳酚油　最常用的浮载剂，其主要成分：苯酚结晶（加热熔化）20 mL，乳酸 20 mL，甘油 40 mL，蒸馏水 20 mL。为使标本易于辨别，常在其中加染料苯胺蓝（棉蓝），用量是 0.05%～0.1%，也有的加 0.2%～0.5%的锥虫蓝等。此法制片可用达马树脂和等量蜂蜡混配做封固剂，蜂蜡放于玻璃皿中在水槽上熔化，达马树脂在铁罐中熔化，然后将蜂蜡倒入熔化的达马树脂中搅和而成。但由于乳酚油有致癌作用而逐渐被淘汰，可改用甘油乳酸液。

（2）甘油乳酸液　此浮载剂可替代乳酚油，其主要成分：乳酸 25 mL，甘油 50 mL，蒸馏水 25 mL。也可加入苯胺蓝等染料。

（3）甘油明胶　明胶 1 份，蒸馏水 6 份，甘油 7 份，每 100 mL 混合液中加石炭酸 1 g。

配制时先将明胶放入水中，置 40～50 ℃温箱中使其全部熔化后，加入纯甘油，最后加入石炭酸，不断搅拌至完全均匀为止，然后在 70～80 ℃的水浴锅中用纱布过滤，并在此温度下静置 6～12 h，以除去其中的气泡，分盛于小瓶中备用。

使用时，先把待封藏的材料放在玻片中央，挑取甘油明胶一小团放在材料上，将盖玻片斜倚在胶团上，在酒精灯或温台上徐徐加热熔化，盖玻片即自动倒伏覆盖；对于干燥的标本，可以直接封藏，如有气泡可稍微加热来驱除。对于新鲜的或含水分较多的标本，应先用甘油脱水而后封藏。办法是将材料浸入 10%甘油水溶液中（在器皿中或载玻片上），置于干燥器里（其中贮无水氯化钙）或 35～40 ℃干燥箱中，至甘油蒸发到纯甘油浓度，擦去玻片上多余的甘油，加甘油明胶封藏，制成的玻片平放十余日。盖玻片四周用火漆或加拿大胶封边，即能永久保存。或将浮载剂滴在玻片上，放入所要保存的标本，玻片微微加热，除去气泡，并蒸发掉大部分的浮载剂，趁热加入小团甘油明胶，熔化后加盖玻片，平放 10 d，任其干燥后用加拿大胶封边；即可永久保存。

（4）水合氯醛碘液　此浮载剂较好，能弥补乳酚油的不足，它能使真菌组织透明，并染上颜色，能看清细胞壁和其他结构。其主要成分：水合氯醛 100 g，碘化钾 5 g，碘 1.5 g，水 100 mL。碘与碘化钾研和，加水溶解，然后与水合氯醛混合。但此法制片只可保存几天，不宜久存，为保存，可除去碘液再用乳酚油浮载后封存。

（5）明胶苯酚醋酸　明胶 10 g，苯酚（结晶）28 g，冰醋酸 28 mL。将苯酚溶在冰醋酸中，加入明胶，不必加热任其熔化（约 2 d），最后加甘油 10 滴搅匀即成。配好后贮藏于褐色玻璃瓶中备用，太干时可酌加冰醋酸稀释。用于保存新鲜的或含水分的标本时，材料可先在冰醋酸中浸数分钟脱水，而后加此浮载剂封藏。干缩的菌丝和孢子放在此种浮载剂中微微加热可以恢复原状。这种浮载剂还兼有封固剂的作用，24 h 后盖玻片即可封固，但为使玻片美观和耐久，仍可用加拿大胶封边。

（6）火棉胶-甘油明胶或加拿大胶　适用于封藏有色的真菌，在标本上加火棉胶一滴，干缩后用镊子夹取火棉胶膜，放在玻片上，用乙醚-无水乙醇液洗去火棉胶，用甘油明胶封封藏菌体。火棉胶成分为：火棉胶 4 g，无水乙醇 10 mL，乙醚 2 mL，蓖麻油 2 mL，乳酸 2 mL。

5. 常用的组织固定液

（1）甲醛-乙酸-乙醇（FAA）固定液　FAA 固定液是植物制片中最常用的一种良好的固定液。成分：50%或 70%乙醇 90 mL，冰醋酸 5 mL，甲醛 5 mL。

用 FAA 固定一般植物器官和组织都可得到良好的效果，其配合比例可因材料不同而略有改变。对于幼嫩易收缩的材料宜多加冰醋酸，减少甲醛用量和用较低浓度的乙醇（50%）；坚硬的材料可略减少冰醋酸而增加甲醛，采用高浓度的乙醇（70%）。

材料在 FAA 中固定 24 h 即可进行脱水。FAA 又是良好的保存液，材料在其中可保存较长时间。如在上述配方中加入 5%的甘油，则能防止液体蒸发和材料变脆，增进保存性能。

用 FAA 会引起菌丝收缩，使用时应加注意，或用丙酸代替冰醋酸，配成 FPA 固定液，有时固定效果比 FAA 还好。

（2）吉尔森（Gilson）液　常用于固定菌类，尤其是用于柔软多胶质的菌类。成分为：60%乙醇 50 mL，冰醋酸 2 mL，氯化汞（升汞）10 g，蒸馏水 40 mL，硝酸（用 46%强酸，约为 80%溶液）7.5 mL。

固定时间为 18～20 h。固定后用 50%或 70%乙醇冲洗，直到无酸味为止。

此液中含有升汞，在材料中会发生黄褐色的沉淀物，应在切片染色前除去，以免影响染色和镜检。方法为：将切片脱蜡后投入 50%乙醇中冲洗，转入 70%乙醇的稀碘液（KI 溶液滴入 70%乙醇溶液中，呈淡黄色）中 15 min，再在 0.25%硫代硫酸钠（$Na_2S_2O_3$）水溶液中浸渍 20 min，流水冲洗 20～30 min。

（3）冷多夫（Randolph）改良纳瓦兴（Navaschin）固定液　也是常用的固定液，用于固定感染枯萎病菌的棉花嫩茎等效果好。其配方为：甲液：铬酸 1.55 g，冰醋酸 10 mL，蒸馏水 100 mL。乙液：甲醛 40 mL，蒸馏水 60 mL。

上述甲、乙两液分盛于两个容器中，用时等量混合。材料在此液中固定 12～48 h，如固定液呈现绿色时，表示固定作用已经消失，仅有保存的作用。固定后可用水或 70%乙醇冲洗 2 次，然后进行脱水，或在 70%乙醇中继续保存。

（4）波茵（Bouin）固定液　适于固定感病的植物柔嫩组织。配方为：甲液：1%铬酸 25 mL，10%冰醋酸 40 mL。乙液：甲醛 10 mL，苦味酸饱和水溶液 25 mL。

用时按甲 2 份、乙 1 份的比例混合。材料在其中固定 12～48 h。固定后用和 70%乙醇冲洗数次（不能用水冲洗），然后脱水。

6. 常用粘贴剂

（1）郝普特（Haupt）粘贴剂　甲液：动物胶（明胶）1 g，蒸馏水 100 mL，甘油 15 mL，苯酚（结晶）2 g。乙液：甲醛 4 mL，蒸馏水 100 mL。

配制甲液时先将动物胶放入蒸馏水中，在 36 ℃温箱中使其慢慢熔化。待全部熔化后加入甘油及苯酚，并搅拌使之完全熔解，经过滤后贮于瓶中备用。这是目前植物制片中最常用的一种粘贴剂。乙液是作为石蜡膜的浮载剂。

（2）迈耶（Mayer）粘贴剂　　新鲜鸡蛋白 25 mL，甘油 25 mL，苯酚 0.5 g。

配制时先将鸡蛋打孔倒出蛋白，加入甘油及防腐剂后用力摇动，静置使泡沫消失，用细纱布过滤即成。用清水作石蜡膜的浮载剂。

迈耶粘贴剂也是制片技术上常用的一种粘贴剂。其缺点是粘贴性比动物胶差，但易着色，同时放置时间不能太久（1～2 个月）。

（3）火棉胶粘贴剂　　木质材料一般切片较厚，如果只用普通的粘贴剂黏附，在染色时易脱落。经过上列粘贴剂粘贴后，再用 1%～2%火棉胶溶液（将火棉胶溶解在等量的无水乙醇与乙醚中即可），滴敷一薄层使其完全干燥，以便在染色时不致脱落，染色时用苯酚-甲苯（1∶4）除去石蜡，而后进行染色。

7. 常用的染色试剂

（1）碱性亚甲蓝染剂　　细菌一般形态的观察，可用该染剂。主要成分：溶液Ⅰ：亚甲蓝 0.3 g，95%乙醇 30 mL。溶液Ⅱ：0.01%氢氧化钾 100 mL。

溶液Ⅰ和Ⅱ分别配好后混合，配成的染剂放的时间愈长，质量愈好，标本染色 1 min 后用水洗。

（2）革兰染色剂　　革兰染色的方法很多，所用的染剂稍有不同，常用的是结晶紫草酸铵染色法，染剂、复染剂和碘液的配方如下。

结晶紫草酸铵染剂：结晶紫 2.0 g（溶解在 20 mL 95%乙醇中），草酸铵 0.8 g，蒸馏水 80 mL。

鲁氏（Lugol）碘液：碘 1.0 g，碘化钾 2.0 g，蒸馏水 300 mL。碘和碘化钾在研钵中充分研磨，溶于水，贮放在有色磨口玻璃瓶中。

番红复染剂：番红（2.5%的 95%乙醇溶液）10 mL，蒸馏水 100 mL。

（3）鞭毛染色剂　　鞭毛染色的方法很多，如西萨-基尔染色法、赖夫生染色法和银盐染色法等。西萨-基尔染色法针对有些不易染色的细菌鞭毛，如产生胶质较多的植物病原细菌以及鞭毛很细的容易脱落的细菌。其染媒剂、染液如下。

染媒剂：单宁酸 10.0 g，氯化铝 18.0 g，氯化锌 16.0 g，碱性品红 1.0 g，60%乙醇 40.0 mL。研钵中盛乙醇 10 mL，加入以上各种成分，研细后加入多余的乙醇，使用时稀释 1～4 倍，染色时过滤。

苯酚品红染液：溶液Ⅰ：碱性品红 0.3 g，95%乙醇 10.0 mL。溶液Ⅱ：苯酚结晶 5.0，蒸馏水 95.0 mL。溶液Ⅰ和Ⅱ分别配好后混合。

（4）各种组织及细胞结构时适用的染色剂　　全部组织染色：洋红、海氏苏木精。

纤维素细胞壁：酸性品红、苯胺蓝、刚果红、代氏苏木精、结晶紫、赤藓红、定绿、甲基绿、亚甲基蓝、碱基品红、亚甲基绿。

木质化细胞壁：结晶紫、碘绿、甲基绿、亚甲基绿、番红O。

角质化细胞壁：酸性品红、结晶紫、赤藓红、甲基绿、甲基蓝。

栓化细胞壁：番红O、苏丹Ⅲ、苏丹Ⅳ。

中胶层：海氏苏木精。

细胞质：酸性品红、苯胺蓝、曙红y、赤藓红、定绿、橘红G、刚果红。

细胞核：洋红、甲基紫、碱性品红、海氏苏木精、碘绿、番红O、甲基绿、亚甲基蓝。

染色体：洋红、苏木精、结晶紫、碘绿、番红O。

质体：结晶紫、甲基紫、海氏苏木精。

组织中的真菌菌丝体：海氏苏木精、番红O、定绿。

组织中的细菌：梅氏苏木精、碱性品红。

8. 常用的缓冲液

（1）磷酸盐缓冲液（附表1）

附表1 磷酸盐缓冲液（0.2 mol/L）

pH	0.2 mol/L Na_2HPO_4/mL	0.2 mol/L NaH_2PO_4/mL	pH	0.2 mol/L Na_2HPO_4/mL	0.2 mol/L NaH_2PO_4/mL
5.8	8.0	92.0	7.0	61.0	39.0
5.9	10.0	90.0	7.1	67.0	33.0
6.0	12.3	87.7	7.2	72.0	28.0
6.1	15.0	85.0	7.3	77.0	23.0
6.2	18.5	81.5	7.4	81.0	19.0
6.3	22.5	77.5	7.5	84.0	16.0
6.4	26.5	73.5	7.6	87.0	13.0
6.5	31.5	68.5	7.7	89.5	10.5
6.6	37.5	62.5	7.8	91.5	8.5
6.7	43.5	56.5	7.9	93.0	7.0
6.8	49.5	51.0	8.0	94.7	5.3
6.9	55.0	45.0			

注：$Na_2HPO_4 \cdot 2H_2O$ 分子量＝178.05，0.2 mol/L 溶液含 35.61 g/L；$Na_2HPO_4 \cdot 12H_2O$ 分子量＝358.22，0.2 mol/L 溶液含 71.64 g/L；$NaH_2PO_4 \cdot H_2O$ 分子量＝138.01，0.2 mol/L 溶液含 27.6 g/L；$NaH_2PO_4 \cdot 2H_2O$ 分子量＝156.03，0.2 mol/L 溶液含 31.21 g/L。

（2）Tris-盐酸缓冲液　50 mL 0.1 mol/L 三羟甲基氨基甲烷（Tris）溶液于 *X* mL 0.1 mol/L 盐酸混匀后，加水稀释至100.0 mL，见附表2。

附表2 Tris-盐酸缓冲液的配制

pH	*X*/mL	pH	*X*/mL
7.1	45.7	7.7	36.6
7.2	44.7	7.8	34.5
7.3	43.4	7.9	32.0
7.4	42.0	8.0	29.2
7.5	40.3	8.1	26.2
7.6	38.5	8.2	22.9

续表

pH	X/mL	pH	X/mL
8.3	19.9	8.7	10.3
8.4	17.2	8.8	8.5
8.5	14.7	8.9	7.0
8.6	12.4		

注：三羟甲基氨基甲烷（Tris）分子量＝121.14，0.1 mol/L 溶液为 12.114 g/L。Tris 溶液可以从空气中吸收二氧化碳，使用时注意将瓶盖严。

（3）硼酸-硼砂缓冲液（0.2 mol/L 硼酸根）（附表 3）

附表 3　硼酸-硼砂缓冲液的配制

pH	0.05 mol/L 硼砂/mL	0.2 mol/L 硼酸/mL	pH	0.05 mol/L 硼砂/mL	0.2 mol/L 硼酸/mL
7.4	1.0	9.0	8.2	3.5	6.5
7.6	1.5	8.5	8.4	4.5	5.5
7.8	2.0	8.0	8.7	6.0	4.0
8.0	3.0	7.0	9.0	8.0	2.0

注：硼砂（$Na_2B_4O_7 \cdot 10H_2O$）分子量＝381.43，0.05 mol/L（0.2 mol/L 硼酸根）溶液为 19.07 g/L；硼酸（H_3BO_3）分子量＝61.84，0.2 mol/L 溶液为 12.37 g/L。硼砂易失去结晶水，必须在带塞的瓶中保存。

（4）柠檬酸-柠檬酸钠缓冲液（0.1 mol/L）（附表 4）

附表 4　柠檬酸-柠檬酸钠缓冲液的配制

pH	0.1 mol/L 柠檬酸/mL	0.1 mol/L 柠檬酸钠/mL	pH	0.1 mol/L 柠檬酸/mL	0.1 mol/L 柠檬酸钠/mL
3.0	18.6	1.4	5.0	8.2	11.8
3.2	17.2	2.8	5.2	7.3	12.7
3.4	16.0	4.0	5.4	6.4	13.6
3.6	14.9	5.1	5.6	5.5	14.5
3.8	14.0	6.0	5.8	4.7	15.3
4.0	13.1	6.9	6.0	3.8	16.2
4.2	12.3	7.7	6.2	2.8	17.2
4.4	11.4	8.6	6.4	2.0	18.0
4.6	10.3	9.7	6.6	1.4	18.6
4.8	9.2	10.8			

注：柠檬酸（$C_6H_8O_7 \cdot H_2O$）分子量＝210.14，0.1 mol/L 溶液为 21.01 g/L；柠檬酸钠（$Na_3C_6H_5O_7 \cdot 2H_2O$）分子量＝294.12，0.1 mol/L 溶液为 29.41 g/L。

（5）乙酸-乙酸钠缓冲液（0.2 mol/L）（附表 5）

附表 5　乙酸-乙酸钠缓冲液的配制

pH	0.2 mol/L NaAc/mL	0.2 mol/L HAc/mL	pH	0.2 mol/L NaAc/mL	0.2 mol/L HAc/mL
3.6	0.75	9.25	4.8	5.90	4.10
3.8	1.20	8.80	5.0	7.00	3.00
4.0	1.80	8.20	5.2	7.90	2.10
4.2	2.65	7.35	5.4	8.60	1.40
4.4	3.70	6.30	5.6	9.10	0.90
4.6	4.90	5.10	5.8	9.40	0.60

注：NaAc 分子量＝136.09，0.2 mol/L 溶液为 27.22 g/L。

主要参考文献

安德荣，吴际云，郑文华. 1995. 植物病毒分类和鉴定的原理及方法（第一版）. 西安：陕西科学技术出版社

曹远银，陈万权. 2010. 小麦秆锈病菌生理小种鉴别寄主及命名方法的演变. 麦类作物学报，30（1）：167-172

陈其煐，籍秀琴，孙文姬. 1985. 我国棉枯萎镰刀菌生理小种研究. 中国农业科学，18（6）：1-6

陈昭炫. 1993. 福建白粉菌. 福州：福建科学出版社

方中达. 1998. 植病研究方法. 3 版. 北京：中国农业出版社

谷海瀛. 2004. 细菌鞭毛染色方法及其应用. 中华检验医学杂志，（9）：71-75

黄河，程双清，徐天宇，等. 1981. 我国北部马铃薯晚疫病菌生理小种的发生和变化. 植物病理学报，11（1）：45-49

陆家云. 2001. 植物病原真菌学. 北京：中国农业出版社

陆家云. 2004. 植物病害诊断. 2 版. 北京：中国农业出版社

全国稻瘟病菌生理小种联合试验组. 1980. 全国稻瘟病菌生理小种研究. 植物病理学报，10（2）：71-82

王金生. 2000. 植物病原细菌学. 北京：中国农业出版社

谢联辉. 2013. 普通植物病理学. 2 版. 北京：科学出版社

谢联辉，林奇英. 2011. 植物病毒学. 3 版. 北京：中国农业出版社

宗兆锋，康振生. 2010. 植物病理学原理. 2 版. 北京：中国农业出版社

Ariyawansa H A，Thambugala K M，Manamgoda D S，et al. 2015. Towards a natural classification and backbone tree for Pleosporaceae. Fungal Diversity，71：85-139

Black W，Mastenbroek C，Mills W R，et al. 1953. A proposal for an international nomenclature of races of *Phytophthora infestans* and of genes controlling immunity in *Solanum demissum* derivatives . Euphytica，2（3）：173-179

Blenden D C，Goldberg H S. 1965. Silver Impregnation stain for Leptospira and flagella. J Bacteriol，89：899-900

Buddenhagen I，Sequeira L，Kelman A. 1962. Designation of races in *Pseudomonas solanacearum*. Phytopathology，52（2）：726

Choi I Y，Lee W H，Lee J J，et al. 2016. Characterization of a *Septobasidium* sp. associated with felt disease of Schisandra chinenseis. Mycobiology，44：58-62

Chomnunti P，Schoch C L，Agurirre-Hudson B，et al. 2011. Capnodiaceae. Fungal Diversity，51（1）：103-134

Christie R G，Edwardson J R. 1986. Light microscopic techniques for detection of plant virus inclusions. Plant disease，70（4）：273-279

Coyne D L，Nicol J M，Claudiuscole B. 2014. Practical plant nematology：a field and laboratory guide. 2nd ed. Cotonou，Benin：SP-IPM Secretariat，International Institute of Tropical Agriculture（IITA）

Crous P W，Wingfield M J，Mansilla J P，et al. 2006. Phylogenetic reassessment of *Mycosphaerella* spp. and their anamorphs occurring on Eucalyptus. II. Studies in Mycology，55：99-131

Dayarathne M C，Maharachchikumbura S S N，Jones E B G，et al. 2017. *Neophyllachora* gen. nov.（Phyllachorales），three new species of *Phyllachora* from Poaceae and resurrection of *Polystigmataceae*（Xylariales）. Mycosphere，8（10）：1598-1625

Hayashi N，Fukuta Y. 2009. Proposal for a new international system of differentiating races of blast（*Pyricularia oryzae* Cavara）by using LTH monogenic lines in rice（*Oryza sativa L.*）. JIRCAS Working Report，63：17-33

Hayova V. 2013. *Valsa viburni*，a rare fungus in Europe？Acta Mycologica，48（2）：255-264

Hongsanan S，Tian Q，Hyde K D，et al. 2015. Two new species of sooty moulds，*Capnodium coffeicola* and *Conidiocarpus plumeriae* in Capnodiaceae. Mycosphere，6（6）：814-824

Ijkstra J，De Jager C. 2012. Practical plant virology：protocols and exercises. Berlin：Springer Science & Business Media

Kennedy A H，Goldberg N A，Minnis A M. 2012. Exobasidium ferrugineae sp. nov.，associated with hypertrophied flowers of Lyonia ferruginea in the southeastern USA. Mycotaxon，120：451-460

Kirk P M，Cannon P F，David J C，et al. 2008. Dictionary of the Fungi. 10th ed. Wallingford：CAB International

Pegg K，Moffett M L. 1971. Host range of the ginger strain of *Pseudomonas solanacearum* in Queensland. Australian Journal of Experimental Agriculture and Animal Husbandry，11：696-698

Woldeab G，Hailu E，Bacha N. 2017. Protocols for race analysis of wheat stem rust（*Puccinia graminis* f. sp. *tritici*）.https：//training.globalrust.org/manuals/race-analysis

Zhang L，Xiao Y，Gao Y，et al. 2020. Race and virulence analysis of *Puccinia triticina* in China during 2011 to 2013. Plant Disease，104：2095-2101